U0170199

中英俄墙体材料术语词汇手册

主 编 王晓峰 段巽卉

中国建材工业出版社

图书在版编目（CIP）数据

中英俄墙体材料术语词汇手册/王晓峰，段崒卉主编. -- 北京：中国建材工业出版社，2022.1
ISBN 978-7-5160-3401-9

Ⅰ. ①中… Ⅱ. ①王… ②段… Ⅲ. ①墙体材料—名词术语—手册—汉、英、俄 Ⅳ. ①TU522-61

中国版本图书馆 CIP 数据核字（2021）第 257066 号

中英俄墙体材料术语词汇手册

Zhongying'e Qiangti Cailiao Shuyu Cihui Shouce

主　编　王晓峰　段崒卉

出版发行：中国建材工业出版社
地　　址：北京市海淀区三里河路 1 号
邮　　编：100044
经　　销：全国各地新华书店
印　　刷：北京印刷集团有限责任公司
开　　本：710mm×1000mm　1/16
印　　张：15.25
字　　数：260 千字
版　　次：2022 年 1 月第 1 版
印　　次：2022 年 1 月第 1 次
定　　价：80.00 元

《中英俄墙体材料术语词汇手册》

编　委　会

前　言

　　为积极响应建材行业实施国家"一带一路"倡议，在中国建筑材料联合会主办的第三届中国建材企业"走出去"大会上发布的《建材国际产能合作指引》推动下，紧跟墙体材料工业突飞猛进的步伐，助力墙体材料工业产品不断发展并走向世界，解决国际工程管理人才的语言交流问题，我们编写了《中英俄墙体材料术语词汇手册》，以满足从事墙体材料生产、使用、教学、科研、翻译人员及大专院校师生阅读外文资料的需要，同时帮助涉外人员掌握墙体材料专业术语词汇。

　　本手册收集的词汇范围为墙体材料的基本名称、组成材料、生产工艺、生产设备、配套材料、性能及应用技术等，选词的原则从实用出发，以生产科研中常见的词汇为主。释文力求简明扼要、通俗易懂，便于从事墙体材料的生产、科研工作者学习阅读和参考使用。

　　由于编写人员水平有限，虽做了很大努力，但手册中仍会有错误、疏漏之处，我们恳请广大读者和专业工作者提出宝贵意见，以便再版时更正。

编　者
2021 年 12 月

目　　录

Contents

Содержание

词目分类目录

1-1-8 空心砖

1-1-9 烧结砖

1-1-10 红砖

1-1-11 青砖

1-1-12 内燃砖

1-1-13 硅酸盐砖

1-1-14 蒸养砖

1-1-15 蒸压砖

1-1-16 劈离砖/劈裂砖/劈开砖

1-1-17 吸声砖/吸音砖

1-1-18 饰面砌筑砖

1-1-19 咬合砖

1-2 砌块

1-2-1 小型砌块

1-2-2 中型砌块

1-2-3 大型砌块

1-2-4 实心砌块/密实砌块

1-2-5 空心砌块

1-2-6 免浆砌块

1-2-7 异型砌块

1-2-8 连锁砌块

1-2-9 构造砌块

3　组成材料

3-8 增强材料

3-8-1 石棉

3-8-1-1 蛇纹石石棉/温石棉

3-8-1-2 玻璃纤维

3-8-1-3 中碱玻璃纤维

3-8-1-4 耐碱玻璃纤维/抗碱玻璃纤维

3-8-2 合成纤维

3-8-2-1 聚乙烯醇纤维/维尼纶纤维

3-8-2-2 聚丙烯纤维

3-8-3 纤维素纤维

3-8-4 纸纤维浆/纸浆

3-8-5 钢丝网

3-8-6 钢丝网架

3-8-7 纸面石膏板护面纸

3-8-8 建筑用草板护面纸

3-9 绝热材料

3-9-1 膨胀珍珠岩

3-9-2 球形闭孔膨胀珍珠岩

3-9-3 膨胀珍珠岩制品

3-9-4 膨胀蛭石

3-9-5 膨胀蛭石制品

3-9-6 岩棉

7-3 检验

7-3-1 外观质量

7-3-2 混等率

7-3-3 尺寸偏差

7-3-4 毛截面面积

7-3-5 净面积

7-3-6 密度等级

7-3-7 密度

7-3-7-1 体积密度/表观密度

7-3-7-2 面密度

7-3-7-3 气干面密度

7-3-8 孔隙率

7-3-9 孔洞率/空心率

7-3-10 含水率

7-3-11 吸水率

7-3-12 相对含水率

7-3-13 吸湿率

7-3-14 强度等级

7-3-15 抗压强度

7-3-16 抗折强度/抗弯强度

7-3-17 断裂荷载/抗弯破坏荷载

7-3-18 吊挂力

大类别 Category Основная категория	术语 Term Термин	注释 Explanatory Note Толкование
0	墙 Wall Стена	
0-1	承重墙 Load-bearing wall or bearing wall Несущая стена	能够承担恒载、活载、雪载、风载等类荷载作用的墙。因其所处部位不同，有时也要求兼起围护墙的作用。 A load-bearing wall or bearing wall is a wall which can bear dead load, live load（or imposed load）, snow load, wind load, etc. Due to the different locations, it is sometimes required to also function as a retaining wall. Стена, которая способна нести статическую, динамическую (временную), снеговую, ветровую и другие виды нагрузки. Так как её расположение может быть разным, иногда может нести функции ограждающей стены (стены заполнения каркаса).
0-2	非承重墙 Non-load bearing wall Ненесущая стена	只承受墙自重，不承受建筑结构荷载的墙。 A non-load bearing wall is a wall which doesn't help the structure to stand up but holds up only itself. Несёт только собственный вес, не несет нагрузку строительных конструкций.
0-3	围护墙 Retaining wall Ограждающая стена (стена заполнения каркаса)	用来遮阳、避雨、挡风、防寒、隔热、吸声和隔声的非承重墙。 A retaining wall is a non-load bearing wall for shade, heat insulation, sound absorption, sound insulation, and sheltering from rain, wind, and cold. Ненесущая стена, используемая для защиты от солнца, осадков, ветра, холода, а также для теплоизоляции, звукопоглощения и звуковой изоляции.

0-4	**隔墙** **Partition wall** **Перегородка**	垂直分割建筑物内部空间的非承重墙。 A partition wall is a vertical divider which is used to separate a building's internal spaces into rooms and circulation areas. Ненесущая стена, служащая для вертикального разделения внутреннего пространства здания.
0-5	**外墙** **Exterior wall** **Наружная (внешняя) стена**	包围在建筑物外部的围护墙或承重墙。 An exterior wall is a retaining wall or load-bearing wall that surrounds the exterior of the building. Ограждающая либо несущая стена, опоясывающая здание снаружи.
0-6	**内墙** **Interior wall** **Внутренняя стена**	建筑物内部的承重墙或隔墙。 An interior wall is a load-bearing wall or partition wall inside the building. Несущая стена либо перегородка внутренней части здания.
0-7	**单一墙** **Single material wall** **Однородная стена**	由一种墙体材料组成的墙。 A single material wall is a wall made up of a single material. Стена, построенная с использованием одного вида стенового материала.
0-8	**复合墙** **Composite wall** **Слоёная (многослойная) стена**	由两种或两种以上不同功能材料组合成的墙。 A composite wall typically consists of two or more different types of materials packed inside a wall. Стена, состоящая из двух или более материалов разного функционального назначения.

0-9	**整浇墙/现浇混凝土墙** **Cast-in-place concrete wall / monolithic concrete wall** **Монолитная бетонная стена**	采用现场浇注混凝土的施工方法浇注的混凝土墙。 A cast-in-place (CIP) concrete wall is made with ready-mix concrete placed into wall forms erected on site. Бетонные стены, возводимые способом заливки бетона на месте производства работ.
0-10	**砌筑墙** **Masonry wall** **Каменная или кирпичная стена**	采用砖或砌块砌筑的墙。 A masonry wall is a wall made of brick or cement blocks held together with cement mortar. Стена, возведенная с помощью кирпича либо каменных блоков.
0-11	**装配式墙** **Assembling wall** **Сборная стена**	采用各种预制板材在现场进行拼装的墙。 An assembling wall is assembled on-site using a variety of prefabricated panels. Стены, собираемые на месте строительства из разного вида предварительно изготовленных панелей.

大类别 Category Основная категория	术语 Term Термин	注释 Explanatory Note Толкование
1	**墙体材料** **Wall building materials or materials used in wall construction** **Стеновые материалы**	构成建筑物墙体的制品单元。主要有砖、砌块、板材等。 Wall building materials are used in wall construction in a wide variety of unit sizes and forms. There are mainly bricks, blocks, boards and so on. Материалы, из которых сооружают стены строений. В основном это кирпич, блоки, панели и т.д.
1-1	**砖** **Brick** **Кирпич**	建筑用的人造小型块材。外形多为直角六面体，也有各种异形的。其长度不超过 365mm，宽度不超过 240mm，高度不超过 115mm。 A brick is a man-made small block for construction. A unit is mostly right-angled hexahedron, and there are also various special shapes. The length, width and depth of the rectangular brick does not exceed 365 × 240 × 115 mm (about 14⅓ × 9 × 4¼ inches). Применяемый в строительстве зданий искусственный мелкокусковой материал. Внешняя форма в основном прямоугольная шестигранная, но есть и различные нестандартные формы. Длина изделия не превышает 365 мм, ширина не превышает 240 мм и высота не превышает 115 мм.
1-1-1	**普通砖/标准砖/九五砖** **Common brick/ standard brick** **Стандартный кирпич**	尺寸为 240mm×115mm×53mm 的砖。 The usual size of a brick is 240 × 115 × 53mm (about 9½ × 4¼ × 2¼ inches). Полнотелый кирпич с размерами 240 × 115 × 53мм.

1-1-2	八五砖 8-1/2-inch brick Кирпич «8,5 дюйма»	尺寸为 216 mm×105 mm×43 mm 的砖。 The size of an 8½ inch brick is 216 × 105 × 43 mm（about 8½ × 4 × 1⅝ inches）. Кирпич с размерами 216 × 105 × 43 мм.
1-1-3	异型砖 Special shaped bricks Фасонный кирпич (фасонный камень)	形状不是直角六面体的砖。常以形状命名，如刀口砖、斧形砖、扇形砖等。 A special shaped brick is a brick specially designed to various shapes and dimensions to complement and contrast the standard metric or imperial brick. A special shaped brick is often named after shapes, such as wedge-shaped brick, end feather brick, and arch brick. Кирпич, отличный по форме от прямоугольного шестигранника. Обычно получает название от своей формы (например, клиновой кирпич ребровый, клиновой кирпич торцевой, радиальный кирпич и др).
1-1-4	配砖 Bat/ auxiliary brick or bonding brick Обрезанный кирпич	砌筑时与主规格砖配合使用的砖。如半砖、七分头等。 A bat is typically used where there is a requirement for non-full-size pieces of brick. When a brick is cut across the width, the resulting piece is called bat. Thus, it is smaller in length than the full brick. It can be half bat (snap header), 3/4 bat (three quarter bat), etc. Кирпич, используемый в кладке в сочетании с кирпичом основной спецификации (половинка, 3/10 и др).
1-1-5	实心砖 Solid brick Полнотелый кирпич	无孔洞或孔洞率小于 25%的砖。 A solid brick is solid with no holes, or a porosity of greater than or equal to 25%. Кирпич, в котором полости занимают менее 25% объёма либо отсутствуют.

1-1-6	微孔砖 **Porous brick** **Поризованный кирпич**	通过掺入成孔材料（如聚苯乙烯微珠、锯末等）经焙烧，在砖内形成微孔的砖。 A micro porous brick is the one which has minute holes so that water can pass through it. It is formed through firing with the components of polystyrene beads, sawdust, etc. В такой кирпич добавляется порообразующий материал (например, полистирольные микрошарики или опилки), после обжига структура кирпича становится пористой.
1-1-7	多孔砖 **Perforated brick** **Щелевой кирпич**	孔的尺寸小而数量多的砖。 A perforated brick is a brick, in which the size of the holes is small and the number is large. Кирпич со значительным количеством небольших полостей.
1-1-8	空心砖 **Hollow brick** **Пустотелый кирпич**	孔的尺寸大而数量少的砖。 A perforated brick is a brick, in which the size of the holes is big and the number is small. Кирпич, содержащий небольшое количество больших полостей.
1-1-9	烧结砖 **Fired brick** **Обжиговый кирпич**	经成型、干燥、焙烧而制成的砖，常结合主要原材料命名，如烧结黏土砖、烧结粉煤灰砖、烧结页岩砖、烧结煤矸石砖等。 A fire brick is a block made by formming, drying and firing which is often named after its main raw materials, such as fired clay brick, fired fly ash brick, fired shale brick, and fired coal gangue brick. Прошедший формовку, сушку и обжиг кирпич. Часто получает название по основному вяжущему компоненту, например: обжиговый глиняный кирпич, обжиговый кирпич из пылеугольной золы, обжиговый сланцевый кирпич, обжиговый кирпич из углеотвальной породы и др.

1-1-10	**红砖** **Red brick** **Красный кирпич**	在氧化气氛中烧成的红色的黏土质砖。 A red brick is a block made of clay or shale, formed, dried and fired in an oxidizing atmosphere. Красный кирпич из глины, прошедший обжиг в окислительной газовой среде.
1-1-11	**青砖** **Black brick** **Кирпич флеш-обжига**	在还原气氛中烧成的青灰色的黏土质砖。 A black brick is made of clay or shale, formed, dried and fired in a reducing oxidizing atmosphere. Глиняный кирпич светло-серого цвета, получаемый путем обжига в восстановительной газовой среде.
1-1-12	**内燃砖** **Insulating fire brick** **or** **brick fired with combustible additives** **Кирпич внутреннего обжига**	主要靠砖坯本身所含的可燃物质（包括原料中的或外掺入的）焙烧而成的砖。 An insulating fire brick is mainly made up of bricks fired from combustible materials (including raw materials externally incorporated) contained in the brick itself. Обжиг большей частью обеспечивается содержащимися в теле кирпича горючими веществами, включая содержащиеся в исходном материале и добавленные извне.
1-1-13	**硅酸盐砖** **Silicate brick** **Силикатный кирпич**	以硅质材料和钙质材料为主要原料,掺加适量集料和石膏,经坯料制备、压制成型、蒸压养护等工艺制成的实心、空心砖。 A silicate brick is made of siliceous materials and calcareous materials as main raw materials, mixed with an appropriate amount of aggregate and gypsum, and processed by blank preparation, press forming, and autoclaved curing. Полнотелый, поризованный либо пустотелый кирпич из кремнистых и кальциевых материалов в качестве основного сырья, смешанных с соответствующим количеством заполнителей и гипса, произведенный путем подготовки

		заготовок, формования под давлением, отверждения автоклавированием и других технологических процессов.
1-1-14	**蒸养砖** **Autoclaved-cured brick** **Пропаренный кирпич**	经常压蒸汽养护硬化而制成的砖。常结合主要原料命名，如蒸养粉煤灰砖、蒸养矿渣砖等，在不致混淆的情况下，可省略"蒸养"两字。 An autoclaved-cured brick is made by steam-cured and hardening process at atmospheric pressure, which is named after its main raw materials, such as steam-cured fly ash bricks, steam-cured blast-furnace slag bricks, etc. In the case of avoiding confusion, the words "steam-cured" can be omitted. Кирпич, получаемый путём пропаривания в условиях атмосферного давления. Часто получает название по основному сырью, например, пропаренный кирпич из пылеугольной золы, пропаренный кирпич из рудного шлака и др. Слово «пропаренный» может быть опущено, если это не приведёт к путанице.
1-1-15	**蒸压砖** **Autoclaved brick** **Кирпич автоклавного твердения**	经高压蒸汽养护硬化而制成的砖。常结合主要原料命名，如蒸压粉煤灰砖、蒸压灰砂砖等。在不致混淆的情况下，可省略"蒸压"两字。 An autoclaved brick is made by steam-cured and hardening process in pressurized steam, which is named after its main raw materials, such as autoclaved fly ash bricks, autoclaved lime-sand bricks, etc. In the case of avoiding confusion, the word "autoclave" can be omitted. Кирпич, получаемый через пропаривание в условиях высокого давления. Часто получает название по основному сырью, например, кирпич из пылеугольной золы автоклавного твердения, шлаковый кирпич автоклавного твердения и др. Слово «автоклавный твердение» может быть опущено, если это не приведёт к путанице.

1-1-16	**劈离砖/劈裂砖/劈开砖** **Split tile** **Сплитерная плитка**	制造时两块背面相连的砖连接在一起,后用外力使其分离。 A split tile is produced by two bricks with one side stucked together, then split into two by external forces. Кирпичи, сложенные вместе тыльными сторонами во время изготовления и разделенные под действием внешней силы.
1-1-17	**吸声砖/吸音砖** **Sound absorption brick /** **soundproofing brick** **Кирпич** **звукоизоляционный**	经处理后提高吸声功能的砖。 A sound absorption brick or soundproofing brick is a brick that improves sound absorption after treatment. Кирпич, получивший в результате обработки улучшенные звукоизоляционные свойства.
1-1-18	**饰面砌筑砖** **Facing brick** **Облицовочный** **кирпич**	带有装饰面的砌筑用砖。 A facing brick is a brick that works with decorative surfaces. Используемый в кирпичной кладке кирпич с декоративно оформленной стороной (сторонами).
1-1-19	**咬合砖** **Bonded brick** **Кирпич-лего** **(замко́вый кирпич)**	砖砌筑(垒砌)成墙片过程中,无须使用砌筑砂浆,块与块之间主要靠榫槽结构相连的砖。 A bonded brick is a brick or masonry (masonry) brick which can be connected primarily by a tenon structure withour masonry mortar. Кирпич, при строительстве (возведении) стен из которого не требуется использование строительного раствора, а кирпичи связаны между собой в основном благодаря конструкции паз-шип.

1-2	**砌块** **Block** **or** **building block** **Блок (строительный блок)**	建筑用的人造块材，外形多为直角六面体，也有各种异型的。砌块系列中主规格的长度、宽度或高度有一项或一项以上分别大于 365mm、240mm 或 115mm，但高度不大于长度或宽度的六倍，长度不超过高度的三倍。 A block or building block is an artificial block used in construction, which is mostly rectangular hexahedron in shape, and also has various special shapes. One or more of the lengths, width or height of the main specifications of the block series are greater than 365mm, 240mm or 115mm respectively, but the height is not more than six times of the length or width, and the length is not more than three times the height. Блочные материалы искусственного происхождения, используемые в строительстве. По форме как правило представляют собой правильные шестигранники, но возможно и иное исполнение. Для блоков характерно, что одна или более из их основных размерных характеристик по длине, высоте и ширине превышает 365мм, 240мм и 115мм соответственно. При этом высота не может превышать длину или ширину более чем в шесть раз, а длина не может превышать высоту более чем в три раза.
1-2-1	**小型砌块** **Small block** **Малый блок**	砌块主规格的高度大于 115mm 而又小于 380mm 的砌块。简称小砌块。 A small block is the block with a height between 115 mm and 380 mm. Линейка блоков, высота которых превышает 115мм и менее 380мм. Сокращенное название: малый блок.

1-2-2	**中型砌块** **Medium block** **Средний блок**	砌块主规格的高度为 380~980mm 的砌块。简称中砌块。 A medium block is the block with a height between 380 to 980mm. Линейка блоков, высота которых находится в пределах 380 до 980мм. Сокращенное название: средний блок.
1-2-3	**大型砌块** **Large block** **Большой блок**	砌块主规格的高度大于 980mm 的砌块。简称大砌块。 A large block is a block greater than 980mm in height. Линейка блоков, высота которых превышает 980мм. Сокращенное название: большой блок.
1-2-4	**实心砌块/密实砌块** **Solid block** **Полнотелый блок**	无孔洞或空心率小于 25% 的砌块。 A solid block is a block with no holes, or a porosity of greater than or equal to 25%. Блок, в котором полости отсутствуют либо занимают менее 25% объема.
1-2-5	**空心砌块** **Hollow block** **Пустотелый блок**	空心率等于或大于 25% 的砌块。 A hollow block is a block having a hollow ratio equal to or greater than 25%. Блок, в котором полости занимают 25% объема или более.
1-2-6	**免浆砌块** **Mortarless concrete block** **Блок-лего**	砌块砌筑（垒砌）成墙片过程中，无需使用砌筑砂浆，块与块之间主要靠榫槽结构相连的砌块。 A mortarless concrete block is a brick or masonry (masonry) brick which can be connected primarily by a tenon structure withour masonry mortar. Блок, при строительстве (возведении) стен из которого не требуется использование строительного раствора, а блоки связаны между собой в основном благодаря конструкциям паз-шип.

1-2-7	**异型砌块** **Special shaped block** **Блок нестандартной формы**	形状不是六面直角体的砌块。常以形状命名，如扇形砌块、楔形砌块等。 A special shaped block is a block that is not hexahedral rectangular in shape. It is often named after the shape, such as arch block, wedge block, etc. Блок, по форме отличающийся от правильного шестигранника. Часто получает название по своей форме, например, радиальный кирпич, клиновидный блок и др.
1-2-8	**连锁砌块** **Interlocking block** **Замковый блок**	依靠砌块的槽或榫与相邻砌块咬接或镶嵌而使位置固定的砌块。 An interlocking block is a block whose position is fixed by biting or inlaying with a groove or tenon of its adjacent block. Блок, фиксация которого осуществляется путем совмещения находящихся на нём пазов и шипов с шипами и пазами на соседних блоках.
1-2-9	**构造砌块** **Constructional block** **Структурный блок**	构成建筑物不同部位的专用砌块。常以使用部位命名，如窗台砌块、楼板砌块、转角砌块等。 A constructional block is a special block that forms different parts of a building. A constructional block is often named after the parts, such as window sill block, floor slab block, corner block, etc. Специальные блоки, используемые для создания различных частей строения. Часто получают названия по месту использования, например, блок подоконника, блок перекрытия, угловой блок и др.
1-2-10	**槽形砌块** **U-shaped block** **U-образный блок**	断面上有一面开口的砌块。 A U-shaped block is one with an opening on the block cross section. Блок, одна из сторон которого в профиле открыта.

1-2-11	**吸声砌块** **Sound absorption block** **Звукоизоляционный блок**	经过处理后提高吸声功能的砌块。 A sound absorption block is a brick that improves sound absorption after treatment. Блок с улучшенными в результате обработки звукоизоляционными свойствами.
1-3	**墙板** **Wallboard** **Стеновая панель**	用于墙体的建筑板材。包括大型墙板、条板和薄板等。 Wallboards are building panels for walls, including large wall panels, slats and sheets. Панели, используемые в строительстве стен. Включают в себя большеразмерные стеновые панели, ребристые панели, тонкостенные панели и др.
1-3-1	**条板** **Strip panel** **Ленточная панель**	长条形板材。作为墙体可竖向或横向装配在龙骨或框架上。 A strip panel is a long strip. As a wall, it can be mounted vertically or horizontally on keel or frame. Панель в виде длинной полосы. Для устройства стен может быть установлена вертикально или горизонтально на балку либо каркас.
1-3-2	**大型墙板** **Large wallboard** **Большеразмерная стеновая панель**	尺寸相当于整个房屋开间（或进深）的宽度和整个楼层的高度，配有构造钢筋的墙板。 A large wallboard is a wallboard where the size is equivalent to the width of the whole room (or depth) and the height of the whole floor is reinforced with structural steel bars. Стеновые панели с включением конструктивной арматуры, по своим размерам соответствующие ширине (глубине) всего помещения и высоте этажа.
1-3-3	**挂板** **Hanging wall panel**	以悬挂方式支承于两侧柱或墙上或上层梁上的非承重墙板。 A hanging wall panel is a non-load-bearing wallboard

	Подвесная панель	supported by hanging between both side columns, walls, or upper beams.
		Ненесущие стеновые панели, крепящиеся с двух сторон путём подвешивания к колоннам, стенам или потолочным балкам.
1-3-4	空心墙板 Hollow core wallboard Пустотная стеновая панель	沿板材长度方向有若干贯通孔洞的墙板。 A hollow core wallboard is a wallboard with several holes along the length of the board. Стеновая панель, вдоль всей длины которой проходит некоторое количество сквозных отверстий.
1-3-5	空心条板 Strip panel with hollow cores Пустотелая ленточная панель	沿板材长度方向有若干贯通孔洞的条板。 A strip panel with hollow cores is a strip panel with several holes along the length of the panel. Ленточная панель, вдоль длины которой размещено некоторое количество сквозных отверстий.
1-3-6	轻质墙板 Lightweight wallboard Легковесная стеновая панель	采用轻质材料或轻型构造制成的非承重墙板。 A lightweight wallboard is a non-load-bearing wall panel made of lightweight materials or lightweight construction. Ненесущая стеновая панель, изготовленная с применением легковесных материалов или облегченных конструкций.
1-3-7	隔墙板 Partition board Стеновая панель для перегородок	垂直分割建筑物内部空间的非承重墙板。 A partition board is a vertical divider which is used to separate building interior space into rooms. Ненесущая стеновая панель, предназначенная для вертикального разделения внутреннего пространства строения.

1-3-8	复合墙板 **Composite wallboard** **Композитная панель**	由两种或两种以上不同功能材料组合而成的墙板。 A composite wallboard is a wallboard combined with two different functional materials. Стеновые панели, в производстве которых используется комбинация 2-х или более видов материалов, выполняющих различные функции.
1-3-9	夹芯板 **Insulation sandwich panel** **Сэндвич-панель**	复合墙板的一种。由承重或维护面层与绝热材料芯层复合而成的墙板，具有良好的保温和隔声性能。 An insulation sandwich panel is a type of composite wall panel which is composed of the load-bearing or maintenance surface layer and the core layer of the heat-insulating material. It has good heat preservation and sound insulation performance. Вид композитной панели, в котором несущая (защитная) поверхность соединена с выполненным из теплоизоляционных материалов сердечником. Обладает хорошими тепло- и звукоизоляционными свойствами.
1-3-10	芯板 **Core panel** **Панель заполнения**	复合墙板中的芯材。一般由阻燃型聚苯乙烯、聚氨酯等泡沫塑料或岩棉等绝缘材料制成。 A core panel is a panel made of foam plastics such as flame-retardant polystyrene, poly-nitrogen cool, or insulating materials such as rock wool, used as core materials in composite wallboard. Панель заполнения обычно изготавливается из огнестойкого полистирола, полиуретана, других вспененных пластмасс, минеральной ваты либо других изоляционных материалов и используется как заполнитель в сэндвич-панелях.

1-3-11	**外墙内保温板** **Interior insulated panel of exterior wall** **Термоизоляционная плита для внутренней поверхности внешних стен**	用于外墙内侧的保温板,以改善和提高外墙墙体的保温性能。 An external wall insulation board is a thermal insulation board used on the inner side of the external wall to improve and enhance the thermal insulation performance. Используется для повышения теплоизоляционных качеств внешних стен на их внутренней стороне.
1-3-12	**外墙外保温板** **Exterior insulated panel of exterior wall** **Термоизоляционная плита для внешней поверхности внешних стен**	用于外墙外侧的保温板,以改善和提高外墙墙体的保温性能。 An exterior insulated panel is a thermal insulation board used on the outer side of the external wall to improve and enhance the thermal insulation performance. Используется для повышения теплоизоляционных качеств внешних стен на их наружной стороне.

大类别 Category Основная категория	术语 Term Термин	注释 Explanatory Note Толкование
2	产品名称 Products Продукция	
2-1	烧结普通砖 **Fired common brick** **Обыкновенный обжиговый кирпич**	以黏土、页岩、煤矸石、粉煤灰、污泥等为主要原料经成型、干燥和焙烧而制成的，无孔洞或孔洞率小于25%的普通砖。 A fired common brick is a common brick made from clay, shale, coal gangue and fly ash through blank-forming, drying and roasting, with no holes, or a porosity of greater than or equal to 25%. Обыкновенный кирпич без полостей (либо полости в котором занимают не более 25% объема) из глины, сланца, пустой угольной породы, пылеугольной золы, глинистого ила и др. в качестве основного материала, получаемый путём формовки, сушки и обжига.
2-1-1	烧结黏土普通砖 **Fired clay common brick** **Обыкновенный глиняный обжиговый кирпич**	以黏土为主要原料，经成型、干燥和焙烧而制成，无孔洞或孔洞率小于25%的普通砖。 A fired clay brick is a common brick made from clay by blank-forming, drying and roasting, with no holes, or a porosity of greater than or equal to 25%. Обыкновенный кирпич без полостей (либо полости в котором занимают не более 25% объема) из глины в качестве основного материала, прошедший формовку, сушку и обжиг.
2-1-2	烧结页岩普通砖 **Fired shale common**	以泥质页岩或炭质页岩为主要原料，经粉碎、成型、干燥和焙烧而成，无孔洞或孔洞率小于25%的普通砖。 A fired shale common brick is a brick made primarily

	brick Обыкновенный обжиговый сланцевый кирпич	from argillaceous shale or carbonaceous shale by grinding, blank-forming, drying and roasting, with no holes, or a porosity of greater than or equal to 25%. Обыкновенный кирпич без полостей (либо полости в котором занимают не более 25% объема) из глинистых или углистых сланцев в качестве основного материала, полученный путем дробления, формовки, сушки и обжига.
2-1-3	烧结煤矸石普通砖 Fired coal gangue common brick or fired brick of colliery waste Обыкновенный обжиговый кирпич из пустой угольной породы	以煤矸石为主要原料，经选料、粉碎、成型、干燥和焙烧而成，无孔洞或孔洞率小于25%的普通砖。 A fired coal gangue common brick is a brick made primarily from coal gangue by proportioning, grinding, blank-forming, drying and roasting, with no holes, or a porosity of greater than or equal to 25%. Обыкновенный кирпич без полостей (либо полости в котором занимают не более 25% объема) из породы углеотвала в качестве основного материала, прошедшей выборку, дробление, формовку, сушку и обжиг.
2-1-4	烧结粉煤灰普通砖 Fired fly ash common brick Обыкновенный обжиговый кирпич из пылеугольной золы	以粉煤灰为主要原料，掺入煤矸石粉或黏土等胶结砖料，经配料、成型、干燥和焙烧而成，无孔洞或孔洞率小于25%的普通砖。 A fired fly ash common brick is a brick made primarily from fly ash, mixed with cemented materials such as coal gangue powder or clay by proportioning, grinding, blank-forming, drying and roasting, with no holes, or a porosity of greater than or equal to 25%. Обыкновенный кирпич без полостей (либо полости в котором занимают не более 25% объема) из пылеугольной золы в качестве основного материала с добавками связывающего агента в виде углеотвальной породы или глины, полученный путем их смешивания, формовки, сушки и обжига.

2-1-5	**烧结装饰砖** **Fired facing brick** **Обжиговый облицовочный кирпич**	经成型、干燥和焙烧而成用于清水墙或带有装饰面用于墙体装饰的砖。 A fired facing brick is a brick made by blank-forming, drying and roasting for using in clean water walls or with decorative surfaces for wall decoration. Прошедший формовку, сушку и обжиг кирпич, предназначенный для использования в отделочных целях в не заштукатуренной кладке, либо у которого одна из сторон выполняет декоративную функцию.
2-2	**烧结多孔砖** **Fired perforated brick** **Обжиговый щелевой кирпич**	以黏土、页岩、煤矸石、粉煤灰等为主要原料，经成型、干燥和焙烧而成，孔洞率大于或等于28%，主要用于承重部位的多孔砖。 A fired perforated brick is a porous brick made primarily from clay, shale, coal gangue and fly ash by blank-forming, drying and roasting, which is mainly used in load-bearing parts, with a porosity of greater than or equal to 28%. Щелевой кирпич с коэффициентом пористости 28% или более из глины, сланца, пустой угольной породы или пылеугольной золы в качестве основного материала, получаемый путём формовки, сушки и обжига. В основном используется в возведении несущих элементов.
2-2-1	**烧结黏土多孔砖** **Fired clay perforated brick** **Глиняный обжиговый щелевой кирпич**	以黏土为主要原料，经成型、干燥和焙烧而成，孔洞率大于或等于28%，主要用于承重部位的多孔砖。 A fired clay perforated brick is a porous brick made from clay, by blank-forming, drying and roasting, which is mainly used in load-bearing parts, with a porosity of greater than or equal to 28%.

		Щелевой кирпич с коэффициентом пористости 28% или более из глины в качестве основного сырья, получаемый путём формовки, сушки и обжига. В основном используется в возведении несущих элементов.
2-2-2	**烧结页岩多孔砖** **Fired shale perforated brick** **Сланцевый обжиговый щелевой кирпич**	以泥质页岩或炭质页岩为主要原料，经粉碎、成型、干燥和焙烧而成，孔洞率大于或等于28%，主要用于承重部位的多孔砖。 A fired shale perforated brick is a porous brick, mainly used for load-bearing parts. It is made primarily from argillaceous shale or carbonaceous shale by grinding, blank-forming, drying and roasting, with a porosity of greater than or equal to 28%. Щелевой кирпич с коэффициентом пористости 28% или более из глинистых или углистых сланцев в качестве основного сырья, полученный путем дробления, формовки, сушки и обжига. В основном используется в возведении несущих элементов.
2-2-3	**烧结煤矸石多孔砖** **Fired coal gangue perforated brick** **Обжиговый щелевой кирпич из углеотвальной породы**	以煤矸石为主要原料，经选料、粉碎、成型、干燥和焙烧而成，孔洞率大于或等于28%，主要用于承重部位的多孔砖。 A fired coal gangue perforated brick, mainly used for load-bearing parts, is made from coal gangue by proportioning, grinding, blank-forming, drying and roasting, with a porosity of greater than or equal to 28%. Щелевой кирпич с коэффициентом пористости 28% или более из породы углеотвала в качестве основного материала, прошедшей выборку, дробление, формовку, сушку и обжиг. В основном используется в возведении несущих элементов.

2-2-4	烧结粉煤灰多孔砖 **Fired fly ash perforated brick** **Обжиговый щелевой кирпич из пылеугольной золы**	以粉煤灰为主要原料,掺入煤矸石粉或黏土等胶结砖料,经配料、成型、干燥和焙烧而成,孔洞率大于或等于28%,主要用于承重部位的多孔砖。 A fired fly ash perforated brick is a porous brick, mainly used in load-bearing parts. It is made primarily from fly ash, mixed with cemented materials such as coal gangue powder or clay by proportioning, blank-forming, drying and roasting, with a porosity of greater than or equal to 28%. Щелевой кирпич с коэффициентом пористости 28% или более из пылеугольной золы в качестве основного сырья с добавками связывающего агента в виде углеотвальной породы или глины, полученный путем их смешивания, формовки, сушки и обжига. В основном используется в возведении несущих элементов.
2-2-5	烧结装饰多孔砖 **Fired facing perforated brick** **Обжиговый щелевой облицовочный кирпич**	经焙烧而成用于清水墙或带有装饰面用于墙体装饰的多孔砖。 A fired facing perforated brick is a porous brick roasted or used in fair-faced walls or decorative wall surfaces. Прошедший обжиг щелевой кирпич, предназначенный для использования в отделочных целях в неоштукатуренной кладке, либо у которого одна из сторон выполняет декоративную функцию.
2-3	烧结空心砖 **Fired hollow brick** **Обжиговый пустотелый кирпич**	以黏土、页岩、煤矸石等为主要原料,经成型、干燥和焙烧而成,孔洞率大于或等于40%,主要用于非承重部位的空心砖。 A fired hollow block is a hollow block made primarily from clay, shale and coal gangue by blank-forming,

		drying and roasting. It is mainly used in non-load bearing parts, with a porosity of greater than or equal to 40%. Пустотелый кирпич с коэффициентом пористости 40% или более из глины, сланцев, пустой угольной породы и др. в качестве основного сырья, прошедший формовку, сушку и обжиг. В основном используется в возведении ненесущих элементов.
2-3-1	烧结黏土空心砖 **Fired clay hollow brick** **Обжиговый пустотелый глиняный кирпич**	以黏土为主要原料，经成型、干燥和焙烧而制成，孔洞率大于或等于40%，主要用于非承重部位的空心砖。 A fired clay hollow brick is a hollow brick made primarily from clay by blank-forming, drying and roasting. It is mainly used in non-load bearing walls, with a porosity of greater than or equal to 40%. Прошедший формовку, сушку и обжиг пустотелый кирпич с коэффициентом пористости 40% или более из глины в качестве основного сырья. В основном используется в возведении ненесущих элементов.
2-3-2	烧结页岩空心砖 **Fired shale hollow brick** **Пустотелый обжиговый сланцевый кирпич**	以泥质页岩或炭质页岩为主要原料，经粉碎、成型、干燥和焙烧而制成，孔洞率大于或等于40%，主要用于非承重部位的空心砖。 A fired shale hollow brick is a hollow brick which is made primarily from argillaceous shale and carbonaceous shale by grinding, blank-forming, drying and roasting. It is mainly used in non-load bearing walls, with a porosity of greater than or equal to 40%. Полученный путем дробления, формовки, сушки и обжига пустотелый обжиговый кирпич с коэффициентом пористости 40% или более из глинистых или углистых сланцев в качестве основного сырья, в основном используется в возведении ненесущих элементов.

2-3-3	**烧结煤矸石空心砖** **Fired coal gangue hollow brick** **Пустотелый обжиговый кирпич из породы углеотвала**	以煤矸石等为主要原料，经选料、粉碎、成型、干燥和焙烧而制成，孔洞率大于或等于40%，主要用于非承重部位的空心砖。 A fired coal gangue hollow brick is a hollow block which is made primarily from coal gangue by proportioning, grinding, blank-forming, drying and roasting. It is mainly used in non-load bearing walls, with a porosity of greater than or equal to 40%. Полученный путем выборки, дробления, формовки, сушки и обжига пустотелый обжиговый кирпич с коэффициентом пористости 40% или более из породы углеотвала в качестве основного сырья, в основном используется в возведении ненесущих элементов.
2-4	**非烧结砖** **Non-fired Brick** **Безобжиговыйкирпич**	不经过焙烧制成的砖。一般采用含钙材料(如电石渣、石灰和水泥等)和含硅材料(如沙子、粉煤灰、煤矸石和炉渣等)与水拌和后，经压制成型，然后通过常压或高压，并配合蒸汽或自然养护制备。如灰砂砖、粉煤灰砖和炉渣砖等。 A non-fired brick is made through the following process. Without being fired, calcium-containing materials (calcium carbide slag, lime and cement) and silicon-containing materials (sand, fly ash, coal gangue and slag) are mixed with water, pressed and formed, and then prepared under atmospheric pressure or high pressure, combined with steam or natural curing.Non-fired bricksinclude lime-sand brick, fly ash brick, furnaceslag brick, etc. кирпич, изготовленный без проведения обжига. Обычно содержит кальциевые материалы (такие как карбидный шлак, известь, цемент и т. д.) и кремнийсодержащие материалы (такие как песок,

		пылеугольная зола, пустая угольная порода, шлаки и др.). После смешивания с водой проходит прессование, а затем автоклавирование либо пароотверждение при нормальном давлении. Например, силикатный (известково-песчаный) кирпич, кирпич из пылеугольной золы, шлаковый кирпич и др.
2-5	**粉煤灰砖** **Fly ash brick** **Кирпич из пылеугольной золы**	以粉煤灰、石灰或水泥为主要原料,掺加适量石膏和集料,经坯料制备、压制成型、高压或常压蒸汽养护或自然养护而成的砖。 A fly ash brick is a solid brick, made primarily from fly ash, lime or cement, mixed with the appropriate amount of gypsum and aggregate. It is prepared by blank preparation, pressing, high-pressure or atmospheric steam-cured or natural curing. Полнотелый кирпич из пылеугольной золы, извести или цемента в качестве основного сырья, с необходимым количеством гипса и заполнителя, полученный путем подготовки основы, формовки под давлением, пропаривания в условиях атмосферного или высокого давления либо естественной тепловлажностной обработки.
2-5-1	**蒸养粉煤灰砖** **Steam-cured fly ash brick** **Пропаренный кирпич из пылеугольной золы**	以粉煤灰、生石灰（或电石渣）为主要原料,可掺适量石膏等外加剂和其他集料,经坯料制备、压制成型、常压蒸汽养护制成的砖。 A steam-cured fly ash brick is a brick made mainly from fly ash, quicklime (or carbide slag), with an appropriate amount of gypsum, other admixtures and aggregates. It is made through blank preparation, pressing molding and steam curing under atmospheric pressure. Кирпич из пылеугольной золы, негашеной извести (или карбидного шлака) в качестве основного материала, с

		возможными включениями соответствующего количества гипса, других добавок и заполнителей, изготовленный путем подготовки заготовок, формовки под давлением и пропаривании при атмосферном давлении.
2-5-2	**蒸压粉煤灰砖** **Autoclaved fly ash brick** **Кирпич из пылеугольной золы автоклавного отверждения**	以粉煤灰、生石灰（或电石渣）为主要原料，可掺适量石膏等外加剂和其他集料,经坯料制备、压制成型、高压蒸汽养护制成的砖。 An autoclaved fly ash brick is made primarily from fly ash, quicklime (or carbide slag), mixed with an appropriate amount of gypsum and other aggregates through raw-materail preparation, pressing molding and high-pressure steam curing. Кирпич из пылеугольной золы, негашеной извести (или карбидного шлака) в качестве основного материала, с возможными включениями соответствующего количества гипса, других добавок и заполнителей, изготовленный путем подготовки заготовок, формовки под давлением и прошедший пропаривание при высоком давлении (автоклавирование).
2-5-3	**自养粉煤灰砖** **Natural curing fly ash brick** **Кирпич из пылеугольной золы естественной тепловлажностной обработки**	以水泥为主要胶凝材料，经自然养护制成的粉煤灰砖。 A natural curing fly ash brick is a fly ash brick made of cement as the main cementing material and cured naturally. Изготовленный путём естественной тепловлажностной обработки кирпич из пылеугольной золы с цементом в качестве основного вяжущего материала.
2-6	**蒸压灰砂砖** **Autoclaved sand-lime brick** **Известково-песчаный кирпич**	以砂和石灰为主要原料，允许掺入颜料和外加剂，经坯料制备、压制成型、高压蒸汽养护而成的普通砖。 An autoclaved lime-sand brick is a common sand-lime brick, made primarily from sand and lime, mixed with pigments and additives which is prepared by

	автоклавного отверждения	blank-forming, pressing, and high-pressure steam curing. Обыкновенный известково-песчаный кирпич, основным сырьём для производства которого являются песок и известь, допускается включение красителей и добавок. В производстве проходит приготовление заготовок, формовку под давлением и пропаривание под давлением.
2-6-1	蒸压灰砂多孔砖 **Autoclaved sand-lime perforated brick** Известково-песчаный щелевой кирпич автоклавного отверждения	以砂和石灰为主要原料,允许掺入颜料和外加剂,经坯料制备、压制成型、高压蒸汽养护而成的多孔砖。 An autoclaved sand-lime perforated brick is a porous brick, made primarily from sand and lime, mixed with pigments and additives, which is prepared by blank-forming, pressing, high-pressure steam curing. Щелевой известково-песчаный кирпич, основным сырьём для производства которого являются песок и известь, допускается включение красителей и добавок. В производстве проходит приготовление заготовок, формовку под давлением и пропаривание под давлением.
2-6-2	蒸压灰砂空心砖 **Autoclaved sand-lime hollow brick** Пустотелый известково-песчаный кирпич автоклавного отверждения	以砂和石灰为主要原料,允许掺入颜料和外加剂,经坯料制备、压制成型、高压蒸汽养护而成的空心砖。 An autoclaved sand-lime perforated brick is a hollow brick, made primarily from sand and lime, mixed with pigments and additives, which is prepared by blank-forming, pressing, high-pressure steam curing. Пустотелый кирпич, основным сырьём для производства которого являются песок и известь, допускается включение красителей и добавок. В производстве проходит приготовление сырцового материала, формовку под давлением и пропаривание под давлением.

2-7	煤矸石砖 **Coal gangue brick** **Кирпич из пустой угольной породы**	以自燃煤矸石和石灰为主要原料制成的硅酸盐砖。 A coal gangue brick is a silicate brick made primarily from self-igniting coal gangue and lime. Силикатный кирпич, основным сырьём в производстве которого выступают пустая порода с добычи самовоспламеняющегося угля и известь.
2-7-1	蒸养煤矸石砖 **Steam-cured coal gangue brick** **Пропаренный кирпич из породы углеотвала**	经常压蒸汽养护制成的煤矸石砖。 A steam-cured coal gangue brick is a coal gangue brick made by steam-cured under atmospheric pressure. Кирпич из породы углеотвала, прошедший пропаривание в условиях атмосферного давления.
2-7-2	自养煤矸石砖 **Natural curing coal gangue brick** **Кирпич из породы углеотвала естественной тепловлажностной обработки**	经自然养护制成的煤矸石砖。 A natural curing coal gangue brick is a coal gangue brick made by natural curing. Кирпич из породы углеотвала, прошедший естественную тепловлажностную обработку.
2-8	煤渣砖 **Cinder brick** **Шлаковый (углешлаковый) кирпич**	以煤渣为主要原料，掺入适量石灰、石膏，经混合、压制成型，蒸压而成的实心砖。 A cinder brick is a solid brick, made from coal cinder as the main raw material mixed with appropriate amounts of lime and gypsum, and then mixed, pressed, or autoclaved. Прошедший перемешивание, формовку под давлением или автоклавирование полнотелый кирпич из угольного шлака в качестве основного сырья, с добавками извести, гипса.

2-8-1	蒸养煤渣砖 **Steam-cured cinder brick** **Пропаренный шлаковый (углешлаковый) кирпич**	经常压蒸汽养护制成的煤渣砖。 A steam-cured cinder brick is a cinder brick made by steam-cured under atmospheric pressure. Кирпич из угольных шлаков, прошедший пропаривание при атмосферном давлении.
2-8-2	蒸压煤渣砖 **Autoclaved cinder brick** **Шлаковый (углешлаковый) кирпич автоклавного твердения**	经高压蒸汽养护制成的煤渣砖。 An autoclaved cinder brick is a cinder brick made by steam-cured under high pressure. Кирпич из угольных шлаков, прошедший пропаривание при высоком давлении.
2-8-3	自养煤渣砖 **Natural cured cinder brick** **Шлаковый (углешлаковый) кирпич естественной тепловлажностной обработки**	经自然养护制成的煤渣砖。 A natural cured cinder brick is a cinder brick made by natural curing. Кирпич из угольных шлаков, полученный путем естественной тепловлажностной обработки.
2-9	蒸养矿渣砖 **Steam-cured blast-furnace slag brick** **Пропаренный шлаковый (рудно-шлаковый) кирпич**	以高炉矿渣和石灰为主要原料,经常压蒸汽养护制成的硅酸盐砖。 A steam-cured blast-furnace slag brick is a silicate brick made primarily from blast-furnace slag and lime, and cured by steam at atmospheric pressure. Силикатный кирпич, основным сырьём которого выступают доменные шлаки и известь, проходит пропаривание при атмосферном давлении.

2-9-1	**蒸养粒化矿渣砖** **Steam-cured granulated blast-furnace slag brick** **Пропаренный кирпич из гранулированных доменных шлаков**	以粒化高炉矿渣、粉煤灰和石灰为主要原料制成的蒸养矿渣砖。 A steam-cured granulated blast-furnace slag brick is a steam-curedblast-furnace slag brick made primarily from granulated blast-furnace slag, fly ash, and lime. Пропаренный шлаковый кирпич, основным сырьём которого выступают гранулированные доменные шлаки, пылеугольная зола и известь.
2-9-2	**蒸养重矿渣砖** **Steam-curedheavy blast-furnace slag brick** **Пропаренный кирпич из тяжёлых доменных шлаков**	以高炉重矿渣、粉煤灰和石灰为主要原料制成的蒸养矿渣砖。 A steam-curedheavy blast-furnace slag brick is a steam-curedblast-furnace slag brick made primarily from heavy blast-furnace slag, fly ash, and lime. Пропаренный шлаковый кирпич, основным сырьём которого выступают тяжелые доменные шлаки, пылеугольная зола и известь.
2-10	**蒸养液态渣砖** **Steam-cured liquid slag brick** **Пропаренный кирпич из жидких шлаков**	以液态渣和石灰为主要原料,经常压蒸汽养护制成的硅酸盐砖。 A steam-cured liquid slag brick is a silicate brick made primarily from liquid slag and lime and cured by steam at atmospheric pressure. Силикатный кирпич, основным сырьём которого выступают жидкие шлаки и известь, проходит пропаривание при атмосферном давлении.
2-11	**蒸养油页岩渣砖** **Steam-cured oil shale slag brick** **Пропаренный кирпич из шлаков**	以油页岩渣和石灰为主要原料,经常压蒸汽养护制成的硅酸盐砖。 A steam-cured oil shale slag brick is a silicate brick made primarily from oil shale slag and lime and cured by steam at atmospheric pressure.

	горючих сланцев	Силикатный кирпич, основным сырьём которого выступают шлаки горючих сланцев и известь, проходит пропаривание при атмосферном давлении.
2-12	烧结空心砌块 Fired hollow block Обжиговый пустотелый блок	以黏土、页岩、煤矸石等为主要原料，经焙烧而成，主要用于非承重部位的空心砌块。 A fired hollow block is a hollow block which is made primarily from clay, shale, coal gangue, etc. It is mainly used in non-load-bearing walls. Прошедший обжиг пустотелый строительный блок, основным сырьем в производстве которого выступают глина, сланец, пустая угольная порода и др. материалы. В основном используется в ненесущих конструкциях.
2-12-1	烧结黏土空心砌块 Fired clay hollow block Обжиговый пустотелый глиняный блок	以黏土为主要原料，经焙烧而成，主要用于非承重部位的空心砌块。 A fired clay hollow block is a hollow block which is made primarily from clay through calcination. It is mainly used in non-load-bearing walls. Прошедший обжиг пустотелый строительный блок, основным сырьем в производстве которого выступает глина. В основном используется в ненесущих конструкциях.
2-12-2	烧结页岩空心砌块 Fired shale hollow block Обжиговый пустотелый сланцевый блок	以泥质页岩或炭质页岩为主要原料，经焙烧而成，主要用于非承重部位的空心砌块。 A fired shale hollow block is a hollow block made primarily from argillaceous shale and carbonaceous shale through calcination. It is mainly used in non-load bearing walls. Прошедший обжиг пустотелый строительный блок, основным сырьем в производстве которого выступают глинистые или углистые сланцы. В основном используется в ненесущих конструкциях.

2-12-3	烧结煤矸石空心砌块 **Fired coal gangue hollow block** **Обжиговый пустотелый блок из пустой угольной породы**	以煤矸石等为主要原料，经焙烧而成，主要用于非承重部位的空心砌块。 A fired coal gangue hollow block is a hollow block, which is made primarily from coal gangue through calcination. It is mainly used in non-load-bearing walls. Прошедший обжиг пустотелый строительный блок, основным сырьём в производстве которого выступает пустая порода угольного отвала. В основном используется в ненесущих конструкциях.
2-13	普通混凝土小型空心砌块 **Concrete small-sized hollow block** **Малый бетонный пустотелый блок**	用水泥作胶结料，砂、石作集料，经搅拌、振动（或压制）成型、养护等工艺过程制成的普通混凝土小型砌块。简称混凝土小砌块。多用于承重结构。 A concrete small-sized hollow block is a small block made mainly from sand and stone, mixed with cement by stirring, vibro-casting (or pressing) into shape, curing, and other processes. It is mostly used for load-bearing structures, briefly named as concrete small block. Обыкновенный малый бетонный блок из цемента (в качестве вяжущего материала), песка и камней (в качестве заполнителя), получаемый путём перемешивания, вибрационной формовки (либо формовки под давлением), тепловлажностной обработки и других технологических процессов. Сокращённое название: малый бетонный блок. В основном используется для несущих конструкций.
2-14	轻集料混凝土小型空心砌块 **Lightweight aggregate concrete small-sized hollow block** **Малый пустотелый**	用轻集料混凝土制成的小型空心砌块。常结合集料名称命名，如煤渣混凝土小型空心砌块、浮石混凝土小型空心砌块等。多用于非承重结构。 A lightweight aggregate concrete hollow block is a small hollow block made from lightweight aggregate concrete. It is often named after its aggregate such as

	бетонный блок с лёгким заполнителем	cinder concrete small hollow block, pumice concrete small hollow block, etc. It is mostly used for non-load bearing structures. Малый пустотелый блок, выполненный из бетона с лёгким заполнителем. Часто получает своё название по вяжущему заполнителю, например, малый пустотелый блок, выполненный из бетона с заполнителем из угольного шлака (малый пустотелый шлакобетонный блок), малый пустотелый пемзобетонный блок и др. В основном используется в ненесущих конструкциях.
2-15	**粉煤灰小型空心砌块** **Fly ash small-sized hollow block** **Малый пустотелый блок из пылеугольной золы**	以粉煤灰、水泥、各种轻重集料、水为主要组分（也可加入外加剂等）拌和制成的小型空心砌块，其中粉煤灰用量不应低于原材料质量的 20%，水泥用量不应低于原材料质量的 10%。 A fly ash small-sized hollow block is a small hollow block made primarily from fly ash, cement, various lightweight and heavyweight aggregates, and water (and other additives can also be added). The amount of fly ash should not be less than 20% of the quality of the raw materials, and the amount of cement should not be less than 10%. Малый пустотелый бетонный блок выполняется путём смешения пылеугольной золы, цемента, разных видов заполнителя (лёгкого или тяжёлого) и воды в качестве основных компонентов (также допускается включение добавок). Среди всех включений содержание пылеугольной золы в сырье не должно быть менее 20%, а цемента – 10% объема.
2-16	**硅酸盐砌块** **Silicate block** **Силикатный блок**	以硅质材料和钙质材料为主要原料，经加水搅拌、振动（或浇注）成型、养护等工艺过程制成的密实或多孔的砌块。硅酸盐砌块按空心率分为硅酸盐实心砌块和硅酸盐空心砌块。

		A silicate block is a solid or perforated block made from siliceous materials and calcareous materials by mixing with water, vibro-casting (or pressing) into shape, and curing. Based on the core ratio, silicate block can be divided into solid silicate block and hollow silicate block.
		Плотный либо поризованный строительный блок, основным сырьём в производстве которого выступают кремнистые и кальциевые материалы. Получают путём перемешивания с водой, вибрационной (либо заливочной) формовки, тепловлажностной обработки и других технологических процессов. В зависимости от объемного соотношения полостей в теле блока, делятся на полнотелые и пустотелые силикатные блоки.
2-16-1	**蒸养粉煤灰砌块** **Steam-cured fly ash brick** **Пропаренный блок из пылеугольной золы**	以粉煤灰、石灰和石膏为胶结料，以煤渣为集料，经振动成型、常压蒸汽养护制成的密实或空心硅酸盐砌块。简称粉煤灰砌块。 A steam-cured fly ash brick is a fly ash block, made from fly ash, lime, and gypsum as the cementing materials and cinder as the aggregate, which is processed by vibro-casting and steam-curing under atmospheric pressure. It is briefly named as fly ash brick. Плотный либо пустотелый силикатный блок, выполненный посредством вибрационной формовки и пропаривания в условиях атмосферного давления из пылеугольной золы, извести и гипса (в качестве связующего агента) и угольного шлака (в качестве заполнителя). Сокращённое название: блок из пылеугольной золы.
2-16-2	**蒸养煤矸石砌块** **Steam-cured coal gangue brick**	以自燃煤矸石、石灰和石膏为胶结料，以自燃煤矸石为集料，经振动成型、常压蒸汽养护等工艺过程制成的密实硅酸盐砌块。简称煤矸石砌块。 A steam-cured coal gangue brick is a silicate block

	Пропаренный блок из пустой угольной породы	made from self-igniting coal gangue, lime, and gypsum as the cementing materials and self-igniting coal gangue as the aggregate by vibro-casting and steam-curing under atmospheric pressure. It is briefly named as coal gangue block. Плотный силикатный блок, выполненный посредством вибрационной формовки, пропаривания в условиях атмосферного давления и других технологических процессов из самовоспламеняющейся пустой угольной породы, извести и гипса (в качестве вяжущего) и самовоспламеняющейся пустой угольной породы (в качестве заполнителя). Сокращённое название: блок из пустой угольной породы.
2-16-3	**蒸养沸腾炉渣砌块** **Steam-cured fluidized furnace slag block** **or** **steam-cured blast furnace slag concrete** **Пропаренный блок из шлака печи кипящего слоя**	以沸腾炉渣、石灰和石膏为胶结料，以沸腾炉渣（或砂）为集料，经振动成型、常压蒸汽养护等工艺过程制成的密实硅酸盐砌块。简称炉渣砌块。 A steam-cured fluidized furnace slag block or steam-cured blast furnace slag concrete is a furnace slag block made from fluidized furnace slag, lime, and gypsum as the cementing materials and fluidized furnace slag or sand as the aggregate, which is processed by vibro-casting and steam-curing under atmospheric pressure. It is briefly named as furnace slag block. Плотный силикатный блок, выполненный посредством вибрационной формовки, пропаривания в условиях атмосферного давления и других технологических процессов из шлака печи кипящего слоя, извести и гипса (в качестве связующего агента) и шлака печи кипящего слоя либо песка (в качестве заполнителя). Сокращённое название: блок из шлака печи кипящего слоя.

2-16-4	**蒸养矿渣砌块** **Steam-cured blast furnace slag block** **Пропаренный блок из рудных шлаков**	以粒化高炉矿渣、石灰和石膏为胶结料，以砂、石为集料，经振动成型、常压蒸汽养护等工艺过程制成的密实硅酸盐砌块。简称矿渣砌块。 A steam-cured blast furnace slag block is a silicate block, made from granulated blast furnace slag, lime and gypsum as the cementing materials and sand and gravel as the aggregate, which is processed by vibro-casting and steam-curing under atmospheric pressure. It is briefly named as furnace slag block. Плотный силикатный блок, выполненный посредством вибрационной формовки, пропаривания в условиях атмосферного давления и других технологических процессов из гранулированных доменных шлаков, извести и гипса (в качестве вяжущего) и песка, камня (в качестве заполнителя). Сокращённое название: блок из рудных шлаков.
2-16-5	**蒸养液态渣砌块** **Steam-cured liquid slag block** **Пропаренный блок из жидких шлаков**	以液态渣、石灰和石膏为胶结料，以液态渣（或煤渣）为集料，经振动成型、常压蒸汽养护等工艺过程制成的密实硅酸盐砌块。简称液态渣砌块。 A steam-cured liquid slag block is a silicate block, made from liquid slag, lime, and gypsum as the cementing materials and liquid slag or cinder as the aggregate, which is processed by vibro-casting and steam-curing under atmospheric pressure. It is briefly named as liquid slag block. Плотный силикатный блок, выполненный посредством вибрационной формовки, пропаривания в условиях атмосферного давления и других технологических процессов из жидких шлаков, извести и гипса (в качестве вяжущего) и жидких шлаков или угольных шлаков (в качестве заполнителя). Сокращённое название: блок из жидких шлаков.

2-16-6	蒸压灰砂砌块 **Autoclaved sand-lime block** **Известково-песчаный блок автоклавного твердения**	以磨细砂、石灰和石膏为胶结料，以砂为集料，经振动成型、高压蒸汽养护等工艺过程制成的密实硅酸盐砌块。简称灰砂砌块。 An autoclaved sand-lime block is a silicate block made from crushed sand, lime, and gypsum as the cementing materials and sand as the aggregate, which is processed by vibro-casting and autoclaving. It is briefly named as sand-lime block. Плотный силикатный блок, выполненный посредством вибрационной формовки, пропаривания в условиях высокого давления и других технологических процессов из песка мелкой фракции, извести и гипса (в качестве вяжущего) и песка (в качестве заполнителя). Сокращённое название: известково-песчаный блок.
2-16-7	泡沫硅酸盐砌块 **Foamed silicate block** **Газосиликатный блок**	以硅质材料和钙质材料为主要原料，掺加泡沫剂，经加水搅拌，由物理机械作用产生泡沫，经浇注成型、蒸汽养护等工艺过程制成的多孔硅酸盐砌块。按养护方法分为蒸养泡沫硅酸盐砌块和蒸压泡沫硅酸盐砌块两种。 A foamed silicate block is a porous silicate block made primarily from siliceous materials and calcareous materials, mixed with the foaming agent and water, which produce foam under the action of the mechanical force and then is processed by casting, moulding, and steam-curing. It can be divided into steam cured foamed silicate block and autoclaved foamed silicate block based on its curing processes. Поризованный силикатный блок, основным сырьём в производстве которого выступают кремнистые и кальциевые материалы. Получают путём добавления пенообразующего агента, перемешивания с водой, вспенивания

		на специальном промышленном оборудовании, заливочной формовки, пропаривания и других технологических процессов. В зависимости от применяемого процесса, делятся на 2 вида: пропаренные газосиликатные блоки и газосиликатные блоки автоклавного твердения.
2-16-8	蒸压加气混凝土砌块 **Autoclaved aerated concrete block** **Газобетонный блок автоклавного отверждения**	以硅质材料和钙质材料为主要原料,掺加发气剂,经加水搅拌,由化学反应形成空隙,经浇注成型、预养切割、蒸汽养护等工艺过程制成的多孔硅酸盐砌块。 按原材料的种类,蒸压加气混凝土砌块主要分为下列七种: ——蒸压水泥-石灰-砂加气混凝土砌块; ——蒸压水泥-石灰-粉煤灰加气混凝土砌块; ——蒸压水泥-矿渣-砂加气混凝土砌块; ——蒸压水泥-石灰-尾矿加气混凝土砌块; ——蒸压水泥-石灰-沸腾炉渣加气混凝土砌块; ——蒸压水泥-石灰-煤矸石加气混凝土砌块; ——蒸压石灰-粉煤灰加气混凝土砌块。 An autoclaved autoclared aerated concrete block is a porous silicate block made primarily from siliceous materials and calcareous materials, mixed with the gas forming agent and water, and then produces foam under chemical reaction. It is processed by casting, pre-curing, cutting, steam-curing, etc. Based on different materials, it can be divided into the following seven types: autoclaved cement-lime-sand aerated concrete block; autoclaved cement-lime-fly-ash aerated concrete block; autoclaved cement-blast furnace slag-sand aerated concrete block; autoclaved cement-lime-mineral waste aerated concrete block; autoclaved cement-lime-fluidized furnace slag aerated concrete block; autoclaved cement-lime-coal gangue aerated concrete

		block;
		autoclaved lime-fly ash aerated concrete block.
		Поризованный силикатный блок, основным сырьём в производстве которого выступают кремнистые и кальциевые материалы и газообразующий агент. Получают путём перемешивания с водой, с помощью химической реакции формируются газовые полости, проводится заливочная формовка, резка полуотверждённого материала, пропаривание и совершаются другие технологические процессы. По используемым компонентам, газобетонные блоки автоклавного твердения делятся на следующие 7 видов:
		газобетонные блоки из цемента, извести, песка;
		газобетонные блоки из цемента, извести, пылеугольной золы;
		газобетонные блоки из цемента, рудного шлака, песка;
		газобетонные блоки из цемента, извести, отходов обогащения (хвостов);
		газобетонные блоки изцемента, извести, шлака печи кипящего слоя;
		газобетонные блоки из цемента, извести, пустой угольной породы;
		газобетонные блоки изизвести и пылеугольной золы;
2-17	石膏砌块 **Gypsum block** **Гипсовый блок**	以建筑石膏为主要原料，经加水搅拌、浇注成型和干燥等制成的轻质建筑石膏制品，生产中允许加入纤维增强材料或轻集料，也可加入发泡剂。主要用于建筑的非承重内隔墙。按结构分为石膏实心砌块和石膏空心砌块。 A gypsum block is a lightweight block, made primarily from calcined gypsum, mixed with water and then processed by casting, drying, etc. Fiber reinforcement,

		lightweight aggregates, and foaming agent are allowed in its manufacturing. It is mainly used for the non-load bearing partition wall and can be divided into solid gypsum block and gypsum hollow block based on its structure.
		Легковесное изделие из строительного гипса в качестве основного сырья, в своём производстве прошедшее перемешивание с добавлением воды, заливочную формовку, сушку и другие процессы. Возможно армирование волокнами, добавка лёгкого заполнителя или пенообразователя. В основном используется для строительства ненесущих внутренних перегородок. В зависимости от структуры, различают полнотелые и пустотелые гипсовые строительные блоки.
2-18	**装饰混凝土砌块** **Concrete decorative block** **Декоративный бетонный блок**	经过饰面加工的混凝土砌块。简称装饰砌块。 A concrete decorative block is a concrete block processed to be decorative, briefly named as decorative block. Бетонный блок с обработанной облицовочной поверхностью. Сокращенное название: декоративный блок.
2-18-1	**劈裂砌块** **Split block** **Колотый блок**	具有一定强度的砌块,用劈离机沿特定的面劈开为两部分,劈开的表面带有纹理并呈凹凸形貌的砌块。 A split block is a hard block split into two parts along a specific surface by a splitting machine. The split surface is textured and in the shape of a concave-convex. Твердый строительный блок, разделённый на 2 части с выпукло-вогнутой текстурой с помощью делителя.
2-18-2	**凿毛砌块** **Gouge block**	用高速喷砂或机械冲击砌块的表面,使水泥砂浆脱落成露出一个个小坑的砌块,类似天然石火焰烧毛的装

	or rock face decorative concrete block Бучардированный блок	饰效果的砌块。 A gouge block is a block which is cut by using a high-speed sandblasting machine or other machines to exert impact on the surface of the block to make the cement mortar fall off. After the cut, there will be a small pit in the block, similar to the decorative effect of natural stone flame singeing. Блок, на поверхности которого под действием высокоскоростной пескоструйной обработки либо ударов технологического оборудования в результате осыпания песчано-цементного раствора образуются небольшие ямки, как при опаливании натурального камня.
2-18-3	条纹砌块 Streak block or line decorative concrete block Полосованный блок	具有一定强度的砌块,用机械在表面铣出横的、竖的、交叉的细纹的砌块。其装饰效果类似剁斧石。 A streak block is a hard block with milled horizontal, vertical, and intersecting fine lines on the surface, similar to the decorative effect of an axed stone. Твёрдый строительный блок, на который при помощи фрезерования нанесены горизонтальные, вертикальные и диагональные тонкие линии. По декоративному виду напоминает бучардированный камень.
2-18-4	磨光砌块 Burnish block Полированный блок	用研磨机将砌块的表层砂浆磨掉,呈光滑的表面,并露出集料的砌块。其装饰效果类似磨光的花岗石和水磨石。 A burnish block is a block by using the grinder miller to grind off the outer mortar, making it smoother to the extent that the aggregate reveals itself, similar to the decorative effect of polished granite and terrazzo. Блок, у которого с помощью полировочной машины

		снимается поверхностный слой раствора до обнажения заполнителя и появления гладкой поверхности. Декоративный эффект похож на полированный гранит и террацо.
2-18-5	**塌落砌块** **Slump block** **Блок усаженный**	刚成型好的砌块，在适当的垂直压力下，稍被压塌成鼓胀状的砌块。 A slump block is a block by slightly crushing into a bulging block under a proper vertical pressure when a newly moulded block is formed. Усаженный блок формируется с применением дозированного вертикального усилия к свежесформованному блоку, который слегка сжимается в выпуклый блок.
2-18-6	**雕塑砌块** **Carved block** **Скульптурный блок**	用带沟、槽、肋、块、弧形和角形等特制模箱制成的砌块。这些砌块及其组合将构成不同的图案和外形。 A carved block is made of moulds with special shapes of troughs, grooves, ribs, blocks, curves and angles. These blocks and their combinations will form different patterns and shapes. Блоки, созданные с помощью специальных форм с пазами, выемками, рёбрами, блоками, дугами и углами. Эти блоки и их комбинации образуют различные узоры и формы.
2-18-7	**露集料砌块** **Disrobe aggregate block** **Блок с обнажённым заполнителем**	表面裸露集料的砌块。 A disrobe aggregate block is a block with disrobed aggregates on the surface. Блок с оголённым на поверхности заполнителем.

2-19	**玻璃纤维增强水泥轻质多孔隔墙条板/GRC轻质多孔隔墙条板** **Glass fiber reinforced cement lightweight hollow panel for partition/GRC(glass fiber reinforced cement) lightweight hollow panel for partition** **Облегчённая поризованная цементная панель для перегородок, армированная стекловолокном/ Облегчённая поризованная СФБ (GRC) панель для перегородок**	以耐碱玻璃纤维与低碱度水泥为主要原料的预制非承重轻质多孔内隔墙条板。 A glass fiber reinforced cement lightweight hollow panel for partition is a prefabricated non-load-bearing lightweight hollow panel for partition, which is made primarily of alkali-resistant glass fiber and low alkalinity cement. Сборные легковесные поризованные ненесущие панели, используемые для возведения внутренних перегородок. Основным сырьём для их производства выступают щёлочноупорное стекловолокно и низкощелочной цемент.
2-20	**玻璃纤维增强低碱度水泥轻质板/GRC 板** **Glass fiber reinforced low pH value cement lightweight board/GRC board** **Усиленная стекловокном легковесная плита из низкощелочного цемента / СФБ-плита**	以耐碱玻璃纤维、低碱度水泥、轻集料和水为主要原料，经布浆、脱水、辊压、养护制成的板材。 A glass fiber reinforced low pH value cement lightweight board is a board made from alkali-resistant glass fiber, low-alkalinity cement, lightweight aggregates, and water as the raw material which is processed by slurrying, dewatering, rolling and curing. Плита изготовлена из стойкого к щелочам стекловолокна, цемента с низкой щелочностью, легкого заполнителя и воды в качестве основного сырья и производится путем суспендирования, обезвоживания, прокатки и отверждения.

2-21	**纤维增强低碱度水泥建筑平板** **Fiber reinforced cement board with a low pH matrix** **Фиброцементная панель из низкощелочного цемента**	以温石棉、短切中碱玻璃纤维或以抗碱玻璃纤维等为增强材料，以低碱度硫铝酸盐水泥为胶结料，经制浆、抄取或流浆法成坯，蒸汽养护制成的建筑平板。其中，掺石棉纤维的称为 TK 板，不掺石棉纤维的称为 NTK 板。 A fiber reinforced cement board with a low pH matrix is a building flat board, made from chrysotile asbestos, chopped medium alkali glass fiber, or alkali-resistant glass fiber as the reinforcing materials. They are mixed with low alkalinity sulphoaluminate cement as the cementing material and then processed by slurrying, Hatschek process moulding or flow-on process moulding, steam curing, and other processes, among which the board with asbestos fiber is called the TK plate while the type without it is called the NTK plate. Один из видов строительных панелей, в котором в качестве армирующего материала используется хризотил, короткорезанное среднещелочное стекловолокно или щёлочестойкое стекловолокно, а в качестве цементирующего материала – сульфоалюминатный цемент с низкой щелочностью. Процесс производства включает приготовление шлама, формовку заготовок по процессу Хатшека (Hatschek Process) или методом шламирования (Flow-on Process) и пропаривание. Среди строительных плит плиты с асбестовым волокном называются асбестоцементными плитами, а плиты без асбестовых волокон – фиброцементными плитами.
2-22	**维纶纤维增强水泥平板** **Vinylon fiber reinforced cement flat sheet** **Цементная плита,**	以改性维纶纤维和（或）高弹模维纶纤维为主要增强材料，以水泥或水泥和轻集料为基材，并允许掺入少量辅助材料，经制浆、抄取或流浆法成坯，蒸汽养护制成的不含石棉的纤维水泥平板。 A vinylon fiber reinforced cement flat sheet is a fiber cement flat sheet made from modified vinylon fiber

	армированная поливинилспиртовым волокном	and/or high elastic modulus vinylon fiber as the reinforcing materials.It is made from cement or cement and light aggregate as the raw material, and mixed with a small number of auxiliary materials which is processed by slurrying, Hatschek process moulding (flow-on process moulding), steam-curing, etc. При изготовлении используется модифицированное поливинилспиртовое волокно и/или поливинилспиртовое волокно с высоким модулем упругости в качестве армирующего материала и цемент (или цемент с лёгким заполнителем) в качестве материала основы. Допустимо включение небольших количеств вспомогательных материалов. Процесс производства данного вида не содержащих асбестовое волокно цементных плит включает приготовление шлама, формовку заготовок по процессу Хатшека (Hatschek Process) или методом проточной суспензии (Flow-on Process) и пропаривание.
2-23	**纤维增强硅酸钙板/硅酸钙板** **Fiber reinforced calcium silicate board** **Силикатно-кальциевая плита/силикатно-кальциевая плита, армированная волокном**	以钙质材料、硅质材料及增强纤维（含石棉纤维或非石棉纤维）等为主要原料，经成型、蒸压养护而成的纤维增强硅酸钙板。 A fiber reinforced calcium silicate board is made primarily from calcium material, siliceous material, and reinforcing fiber (including asbestos fiber or non-asbestos fiber). It is manufactured through processes of casting and steam curing. Армированная волокном силикатно-кальциевая плита из кальциевых, кремнистых материалов и армирующего волокна (может быть как асбестовым, так и нет) в качестве основного сырья. В процессе производства проходит формовку и пропаривание под давлением.

2-24	**真空挤出成型纤维水泥板** **Vacuum extruding fiber reinforced cement board** **Фиброцементная плита экструзионно-вакуумн ой формовки**	以纤维素纤维与聚丙烯纤维为增强材料,以普通硅酸盐水泥、磨细石英砂、膨胀珍珠岩、增塑剂与水组成的砂浆为基体,形成低水灰比塑性拌和料,在真空挤出成型机内,经真空排气并在螺杆高挤压力与高剪切力的作用下,由模口挤出制成的具有多种断面形状的系列化板材。 A vacuum extruding fiber reinforced cement board is a standard panel made from cellulose fiber and polypropylene fiber as the reinforcing materials, and ordinary Portland cement, fine quartz sand, expanded perlite, plasticizer and water as the raw materials to form a plastic mixture with low water-cement ratio. It is processed into various cross-sectional shapes with vacuum extrusion under the action of high extrusion force and high shear force of the screw by a vacuum extrusion molding machine. Целлюлозное волокно и полипропиленовое волокно используются в качестве армирующих материалов, а обычный портландцемент, молотый кварцевый песок, вспученный перлит, пластификатор и вода используются в качестве основы для формовки пластичной смеси с низким водоцементным соотношением. В вакуумной экструзионной формовочной машине под действием вакуумирования, а также высокой силы сжатия шнека и высокой сдвигающей силы с помощью фильеры экструдируются плиты разных профилей в серийном масштабе.
2-25	**木纤维增强水泥空心墙板/纤维增强圆孔墙板** **Wood fiber reinforced cement wallboard with hollow cores / fiber reinforced hollow**	以木纤维为增强材料,水泥砂浆为基材,用挤压法制成的具有若干个圆孔的条形板。 A wood fiber reinforced cement wallboard with hollow cores / fiber reinforced hollow panel is a strip panel with a plurality of round holes. It is made by extrusion with wood strip as the reinforcing material, and cement

2-26	panel Цементно-древесно-волокнистая пустотная стеновая панель / пустотная стеновая панель, армированная волокном	mortar as the raw material. Пустотная полосообразная панель, изготовленная методом экструзии. Армирующим материалом в ней выступает древесное волокно, а основой – цементно-песчаный раствор.
2-26	石膏空心条板 Gypsum panel with cavities Пустотелая полосообразная гипсовая панель	以建筑石膏为基材，掺以无机轻集料、无机纤维增强材料而制成的空心条板。主要用于建筑的非承重内隔墙。 A gypsum panel with cavities is a strip panel with hollow cores, made primarily from the building gypsum, mixed with inorganic light aggregate and inorganic fiber reinforcing material. It is mainly used for the non-load bearing partition wall. Пустотелая полосообразная панель из строительного гипса в качестве основы, лёгкого минерального заполнителя и армирующего минерального волокна. В основном используется для внутренних ненесущих перегородок.
2-26-1	石膏珍珠岩空心条板 Gypsum perlite panel with cavities Гипсо-перлитовая пустотелая панель	以建筑石膏为基材，加入适量膨胀珍珠岩、无机纤维增强材料而制成的空心条板。主要用于建筑的非承重内隔墙。 A gypsum perlite panel with cavities is a strip panel with hollow cores, made primarily from the building gypsum, mixed with expanded pearlite and inorganic fiber reinforcing material. It is mainly used for the non-load bearing partition wall. Пустотелая полосообразная панель из строительного гипса в качестве основы, с добавлением соответствующего количества вспученного перлита, армирующего

		минерального волокна. В основном используется для внутренних ненесущих перегородок.
2-26-2	石膏粉煤灰硅酸盐空心条板 **Gypsum silicate panel with fly ash cavities** **Пустотелая силикатная панель из гипса и пылеугольной золы**	以建筑石膏为基材，加入适量粉煤灰、无机纤维增强材料而制成的空心条板。主要用于建筑的非承重内隔墙。 A gypsum silicate panel with fly ash cavities is a strip panel with hollow cores, made primarily from the building gypsum, mixed with expanded pearlite and inorganic fiber reinforcing material. It is mainly used for the non-load bearing partition wall. Пустотелая полосообразная панель из строительного гипса в качестве основы, с добавлением соответствующего количества пылеугольной золы, армирующего минерального волокна. В основном используется для внутренних ненесущих перегородок.
2-27	纸面石膏板 **Gypsum plaster board** **Гипсокартон (гипсокартонный лист, ГКЛ)**	以建筑石膏为主要原料，掺入适量轻集料、纤维增强材料和外加剂，构成芯材，并与护面纸牢固地黏结在一起的建筑板材。如掺入耐水外加剂和采用耐水护面纸，或以无机耐火纤维为增强材料制成的建筑板材则分别称为耐水纸面石膏板或耐火纸面石膏板。 A gypsum plaster board is a building board mainly made from the building gypsum and blended with appropriate amount of light aggregate, fiber reinforced material and admixture to form a core material. It is firmly bonded to the plaster liner board. Such board, if blended with a water-resistant admixture and a water-resistant liner board, is referred to as a water-resistant gypsum plaster board and a fire-resist gypsum plaster board when inorganic refractory fiber is used as the reinforcement. Панель из строительного гипса в качестве основного сырья с добавлением соответствующего количества

		лёгкого заполнителя, армирующего волокна и добавок, из которых формируется надёжно склеиваемый с защитным бумажным покрытием заполнитель. В случае включения водоупорных добавок и использования водоотталкивающего бумажного покрытия (или использования в качестве армирующего материала огнеупорного минерального волокна) такой гипсокартон называется влагостойким (огнестойким).
2-27-1	普通纸面石膏板 **General gypsum plaster board** Обыкновенный гипсокартон	以建筑石膏为主要原料，掺入适量轻集料、纤维增强材料和外加剂等构成芯材，并与护面纸牢固地黏结在一起的建筑板材。 A general gypsum plaster board is a building board mainly made from the building gypsum blended with appropriate amount of light aggregate, fiber reinforced material and admixture to form a core material. It is firmly bonded to the plaster liner board. Панель из строительного гипса в качестве основного сырья с добавлением соответствующего количества лёгкого заполнителя, армирующего волокна, добавок и других материалов, из которых формируется надёжно склеиваемый с защитным бумажным покрытием заполнитель.
2-27-2	耐水纸面石膏板 **Water-resistant gypsum plaster board** Влагостойкий гипсокартон	以建筑石膏为主要原料，掺入适量纤维增强材料和耐水外加剂等构成芯材，并与耐水护面纸牢固地黏结在一起的吸水率较低的建筑板材。 A water-resistant gypsum plaster board is a building board with low water absorption, mainly made from the building gypsum, blended with appropriate amount of fiber reinforced material and water-resistant admixture to form a core material. It is firmly bonded to the water-resistant plaster liner board. Обладающая сравнительно низкой гидроскопичностью панель из строительного гипса в качестве основного

		сырья, с включением соответствующего количества армирующего волокна, водоупорных добавок и других материалов, из которых формируется надёжно склеиваемый с водоотталкивающим бумажным покрытием заполнитель.
2-27-3	耐火纸面石膏板 **Fire-resistant gypsum plaster board** **Огнестойкий гипсокартон**	以建筑石膏为主要原料，掺入适量轻集料、无机耐火纤维增强材料和外加剂等构成耐火芯材，并与护面纸牢固地黏结在一起的改善高温下芯材结合力的建筑板材。 A fire-resistant gypsum plaster board is a building board mainly made from the building gypsum, blended with appropriate amount of light aggregate, fiber reinforced material, inorganic refractory fiber and admixture to form the core material. It is firmly bonded to the fire-resist plaster liner board to improve the bonding strength of the core materials. Обладающая улучшенными показателями силы сцепления в условиях высоких температур панель из строительного гипса в качестве основного сырья, с добавлением соответствующего количества лёгкого заполнителя, минерального огнеупорного волокна, добавок и других материалов, из которых формируется надёжно склеиваемый с защитным бумажным покрытием заполнитель.
2-28	纤维石膏板 **Gypsum-bonded fiber board** **Гипсо-волокнистый лист (ГВЛ)**	以建筑石膏为主要原料，掺入适量有机或无机纤维和外加剂与水混合，用缠绕、辊压压制等方法成型，经凝固、干燥制成的建筑板材。 A gypsum-bonded fiber board is a building panel mainly made from the building gypsum, mixed with appropriate amount of organic or inorganic fiber, admixture and water. It is solidified and dried after being moulded by winding, rolling, and pressing. Панель из строительного гипса в качестве основного

		сырья с включением соответствующего количества органических или неорганических волокон и добавок, в процессе производства проходящая смешивание сырья с водой, сформованная через оплётку, роликовое прессование и другие методы, затвердевшая и высушенная.
2-29	刨花板 **Particle board** **ДСП** **(древесно-стружечная** **плита)**	以木质刨花为原料，施加脲醛树脂或其他合成树脂，在加热加压条件下，压制而成的一种板材。 A particle board is a board mainly made from wood shavings and pressed with urea-formaldehyde resin or other synthetic resin under heat and pressure. В качестве сырья в производстве данного вида плит используется древесная стружка, на которую наносят карбамидоформальдегидную смолу или другие синтетические смолы и прессуют в условиях нагрева и давления.
2-29-1	水泥刨花板/水泥木屑板 **Cement bonded particle board/cement-bonded wood chipboard** **Цементно-стружечная** **плита (ЦСП)**	以水泥为胶结料，木质刨花等为增强材料，外加适量的促凝剂和水，采用半干法生产工艺，在受压状态下完成水泥与木质材料的固结而制成的板材。 A cement bonded particle board is made with cement as the cementing material, wood shavings and the like as the reinforcement, plus an appropriate amount of coagulant and water. During its production, a semi-dry production process is used to complete the consolidation of cement and wood materials under pressure. Плита изготавливается из цемента и древесных стружек в качестве армирующих материалов, с добавлением соответствующего количества ускорителя схватывания и воды, с использованием полусухого производственного процесса для связывания цемента и древесных материалов под давлением.

2-29-2	石膏刨花板 **Gypsum-bonded particleboard (GBPB)** **Гипсостружечная плита (ГСП)**	以建筑石膏为胶结料，木质刨花为增强材料，外加适量的缓凝剂和水，采用半干法生产工艺，在受压状态下完成石膏与木质材料的固结而制成的板材。 A gypsum-bonded particleboard is made with the building gypsum as the cementing material, wood shavings as the reinforcement, plus an appropriate amount of retarder and water. During its production, a semi-dry production process is used to complete the consolidation of gypsum and wood materials under pressure. Плита изготавливается из строительного гипса в качестве цементирующего материала, древесной стружки в качестве армирующего материала, а также из соответствующего количества замедлителя схватывания и воды с использованием полусухого производственного процесса для связывания гипса и древесных материалов под давлением.
2-30	硅酸盐板 **Silicate slab** **Силикатная плита**	以硅质材料和钙质材料为主要原料，经加水搅拌、振动（或浇注）成型、蒸压养护等工艺过程制成的密实或多孔的板材。 按使用部位的不同，硅酸盐板主要分为下列六种 ——屋面板； ——内墙板； ——外墙板； ——楼板； ——绝热板； ——其他板。 A silicate slab is a solid or perforated panel, with siliceous and calcareous materials as the raw materials. It is made through mixing with water, vibro-casting, moulding, steam curing, and other processes. According to the different using sites, silicate slabs are mainly divided into the following six types:

		- roof slab; - interior wall slab; - exterior wall slab; - floor slab; - insulation slab; - other slabs. Полнотелая либо пористая плита из кремнистых и кальциевых материалов в качестве основного сырья, полученная путём добавления в основу воды, перемешивания, вибрационного (или разливочного) формования и отверждения в автоклаве. В зависимости от области использования силикатные плиты в основном делятся на следующие шесть типов. —— Кровельная плита; —— Внутренняя стеновая плита; —— Внешняя стеновая плита; —— Напольная плита; ——Теплоизоляционная плита; ——Другие плиты.
2-30-1	蒸养粉煤灰硅酸盐板 **Steam-cured fly ash silicate slab** **Пропаренная пылеугольная силикатная плита**	以粉煤灰、石灰和石膏为胶结料，以煤渣（或矿渣、液态渣、火山渣、陶粒等）为集料，经振动（或振捣）成型、常压蒸汽养护等工艺过程制成的密实硅酸盐板。简称蒸养粉煤灰板。 A steam-cured fly ash silicate slab is also referred to as steam-cured fly ash brick. With fly ash, lime and gypsum as the cementing materials and cinder (or slag, liquid slag, volcanic slag, ceramsite, etc.) as the aggregate, the solid silicate block is made through vibro-casting, moulding, steam-cured under atmospheric pressure and other processes. Полнотелая силикатная плита, в которой в качестве цементирующих материалов используются пылеугольная зола, известь и гипс, а в качестве заполнителя

		используются угольный шлак (или рудный, жидкий, вулканический шлаки, керамзит и т. д.). Получают путем вибрационного формования, пропаривания при атмосферном давлении и других технологических процессов. Сокращённое название: пропаренная пылеугольная плита.
2-30-2	**蒸养煤矸石硅酸盐板** **Steam-cured coal gangue silicate slab** **Пропаренная силикатная плита из пустой угольной породы**	以自燃煤矸石、石灰和石膏为胶结料，以自燃煤矸石为集料，经振动（或振捣）成型、常压蒸汽养护等工艺过程制成的密实硅酸盐板。简称蒸养煤矸石板。 A steam-cured coal gangue silicate slab is also referred to as steam-cured coal gangue slab. With self-combusted coal gangue, lime, and gypsum as the cementing materials and self-combusted coal gangue as the aggregate, the solid silicate slab is made through vibro-casting, moulding, and steam-cured under atmospheric pressure. Полнотелая силикатная плита, в которой в качестве цементирующих материалов используются пустая угольная порода, известь и гипс, а в качестве заполнителя – пустая угольная порода. Получают путем вибрационного формования, пропаривания при атмосферном давлении и других технологических процессов. Сокращённое название: пропаренная плита из пустой угольной породы.
2-30-3	**蒸压灰砂硅酸盐板** **Autoclaved sand-lime silicate slab** **Известково-песчаная силикатная плита автоклавного твердения**	以磨细砂、石灰和石膏为胶结料，以砂为集料，经振动（或振捣）成型、高压蒸汽养护等工艺过程制成的密实硅酸盐板。简称蒸压灰砂板。 An autoclaved sand-lime silicate slab is also referred to as autoclaved sand-lime slab. With crushed sand, lime, and gypsum as the cementing materials and sand as the aggregate, the solid silicate slab is made through vibro-casting, moulding, autoclaving, and other processes.

		Полнотелая силикатная плита, в которой в качестве вяжущего используются песок мелкой фракции, известь и гипс, а в качестве заполнителя – песок. Получают путем вибрационного формования, автоклавного твердения и других технологических процессов. Сокращённое название: известково-песчаная силикатная плита автоклавного твердения.
2-30-4	蒸压加气混凝土板 **Autoclaved aerated concrete slab** **Газобетонная плита автоклавного твердения**	以硅质材料和钙质材料为主要原料，以铝粉为发气剂，配以经防腐处理的钢筋网片，经加水搅拌、浇注成型、预养切割、蒸压养护制成的多孔板材。 An autoclaved aerated concrete slab is a perforated panel. With siliceous and calcareous material as the main material, aluminum powder as the gas forming agent, and mixed with anti-corrosion treated steel mesh, it is made through mixing with water, casting, moulding, pre-curing, cutting, autoclaving and other processes. Пористая плита, изготавливаемая из кремнистых и кальциевых материалов в качестве основного сырья, алюминиевого порошка в качестве газообразующего агента и прошедшей антикоррозийную подготовку стальной сетки. Производится путем добавления воды и перемешивания, заливочной формовки, резки преотверждённой заготовки и отверждения в автоклаве.
2-31	硅镁加气混凝土空心轻质隔墙板 **Silica-magnesium aerated concrete lightweight hollow core wall panel** **Стекломагниевый лист (СМЛ,**	以轻烧镁为胶结料，掺入适量硅质材料和发气剂，与氯化镁溶液拌和，经浇注成型、自然养护制成的具有微孔结构和若干个圆孔的条形板。 A silica-magnesium aerated concrete lightweight hollow core wall panel is a strip-shaped plate with a microporous structure and a plurality of circular holes, with calcined magnesium as the cementing material, and mixed with a proper amount of siliceous material

	стекломагнезитовый лист, цементно-магниевая плита)	and the gas forming agent. It is made through mixing with magnesium chloride solution, casting, molding, and natural curing. Ленточная панель с пузырьковой микропористой структурой из каустического магнезита в качестве вяжущего материала с добавлением необходимого количества кремнистого материала и газообразующего агента. В процессе производства сырьё смешивается с раствором хлорида магния, формуется заливкой и проходит естественную тепловлажностную обработку.
2-32	氯氧镁水泥板 **Chloride-oxide magnesium cement board** **Плита из магнезиального оксихлоридного цемента**	以氯氧镁水泥、粗、细集料和增强纤维为主要原料,掺加适量改性材料,经搅拌、浇注成型或其他方法加工、养护制成的隔墙板。 A chloride-oxide magnesium cement board is a partition panel. With chloride-oxide magnesium cement, coarse and fine aggregates and reinforcing fiber as the main material, added with appropriate amount of modified material, it is made and cured through mixing, casting, moulding, and other processes. Плита для перегородок, изготавливается из цемента на основе оксихлорида магния, крупного и мелкого заполнителя и армирующих волокон в качестве основного сырья, смешанного с соответствующим количеством модифицированных материалов, обработанного и выдержанного.
2-33	轻集料混凝土配筋墙板 **Reinforced lightweight aggregate concrete wall panel** **Армированная**	以水泥为胶结料,陶粒或天然浮石等为粗集料,陶砂、膨胀珍珠岩砂、浮石砂等为细集料,经搅拌、成型、养护而制成的配筋轻质墙板。 A reinforced lightweight aggregate concrete wall panel is a reinforced lightweight wall panel. With cement as the cementing material; ceramsite or natural pumice as the coarse aggregate; and ceramic sand, expanded

	стеновая панель из бетона с лёгким заполнителем	perlite sand, pumice sand, and others as the fine aggregates, it is made through mixing, moulding, and curing. Армированная легкая стеновая плита из цемента в качестве вяжущего материала, в которой крупным заполнителем выступает керамзит или натуральная пемза, мелким заполнителем – керамический песок, песок из вспученного перлита и пемзовый песок и др., которые перемешиваются, формуются и выдерживаются.
2-34	轻集料混凝土空心墙板 Lightweight aggregate concrete wallboard with hollow cores Пустотная стеновая панель из бетона с лёгким заполнителем	以水泥、粉煤灰、轻集料等为主要原料，经螺杆挤压成型而制成的具有若干个圆孔的条形板。 A lightweight aggregate concrete wallboard with hollow cores is a strip-shaped plate with a plurality of circular holes and mainly made from cement, fly ash, light aggregate, or the like, and formed through screw extrusion. Пустотная панель из цемента, пылеугольной золы и лёгкого заполнителя в качестве основного сырья, произведённая путём шнековой экструзии.
2-35	工业灰渣混凝土空心隔墙条板 Hollow panel containing industrial waste slags for partition wall Бетонная панель для перегородок из промышленных золошлаков	一种机制条板，用作民用建筑非承重内隔墙，其构造断面为多孔空心式，生产原料中，工业废渣总掺量为 40%（质量比）以上。 A hollow panel containing industrial waste slags for partition wall is a strip panel used as a non-load-bearing inner partition wall for civil buildings, wherein the structural section is the porous hollow type, and the total amount of industrial waste residue is 40% (weight ratio) or more in the production raw materials. Панель машинного изготовления, используемая в качестве ненесущей внутренней перегородки в зданиях гражданского назначения. Ее структурное

		сечение – пористое. В производственном сырье общая доля промышленных отходов составляет более 40% (массовая доля).
2-36	建筑用纸面草板 **Compressed straw building slab** **Панель из прессованной соломы**	以天然稻草或麦草为主要原料，经加热挤压成型，外表粘贴面纸而成的普通纸面草板。 A compressed straw building slab is an ordinary straw slab made from natural straw or wheat straw. It is heated and extruded, and coated with facial tissue. Соломенная плита с бумажным покрытием из рисовой или пшеничной соломы в качестве основного сырья, прошедшая формовку горячей экструзией и оклейку поверхностей бумагой.
2-37	水泥木丝板 **Wood wool cement board (WWCB)** **Цементно-волокнистая плита**	以普通硅酸盐水泥和矿渣硅酸盐水泥为胶结料，木丝为增强材料，加入水和外加剂，平压成型、保压养护、调湿处理后制成的建筑板材。 A wood wool cement board is a building board made with ordinary Portland cement and slag Portland cement as the cementing material, as well as wood wool as the reinforcement. It is mixed with water and the admixture, and formed through flat pressing moulding, pressure maintaining, and humidity conditioning treatment. Это строительная плита из обычного портландцемента и шлакопортландцемента в качестве вяжущего материала, древесного волокна в качестве армирующего материала, с включением воды и добавок, прошедшая плоское прессование, тепловлажностную обработку с контролем давления и прошедшая гидроскопическую обработку.
2-38	纤维板 **Fiber board** Древесно-волокнистая	以木质为原料施加脲醛树脂或其他合成树脂，在加热加压条件下，压制而成的一种板材。 A fiberboard is a board mainly made from wood fibers,

	плита (ДВП)	which is pressed with urea-formaldehyde resin or other synthetic resin under heat and pressure. Плита, основным компонентом которой является древесина с добавлением мочевиноформальдегидной или другой синтетической смолы и спрессованная в условиях нагрева и давления.
2-39	胶合板 **Plywood** **Фанера**	将三层或多层单板,纤维方向互相垂直胶合而成的薄板。 Plywood is a three-layer or multi-layer veneer in which the fiber directions are vertically glued to each other. Тонкая плита, полученная путем склеивания трех или более слоев шпона с перпендикулярным друг другу направлением волокон.
2-40	竹胶合板 **Bamboo-plywood** **Бамбуковая фанера**	以竹材为原料,将其分别加工成竹席、竹帘或竹片,干燥、施胶后,按不同厚度要求进行数层叠合,热压固结而形成的板材。 A bamboo-plywood is a type of board made with bamboo as the raw material and processed into bamboo mat, bamboo curtain, or bamboo sheet. After drying and sizing, it is formed by laminating and heat-pressing according to different thickness requirements. Плита, получаемая из бамбукового сырья путём различных способов обработки (до заготовок типа «циновка», «ткань» или «лыко»), прошедшая сушку, проклейку, послойную калибровку по заданным показателям толщины и формовку горячим прессованием.
2-41	GRC 复合外墙板 **GRC composite exterior panel** **Композитная наружная стеновая**	以低碱度水泥砂浆作基材,耐碱玻璃纤维作增强材料,制成板材面层,内置钢筋混凝土肋,并填充绝热材料内芯,以台座法一次制成的轻质复合墙板。 A GRC composite exterior panel is a lightweight composite wall panel, with low-alkalinity cement

	панель из стеклофибробетона	mortar as the base material, and alkali-resistant glass fiber as the reinforcement to form the surface layer. With reinforced concrete rib built in and the inner core of the heat insulating material filled in, it is made by the pedestal method at one time.
		Лёгкая композитная стеновая плита, изготовленная сборно-каркасным способом единого цикла из цементного раствора с низкой щелочностью в качестве основного материала и стойкого к щелочам стекловолокна в качестве армирующего материала для создания внешнего слоя панели, с внутренними железобетонными рёбрами и заполнением сердечника из теплоизоляционного материала.
2-42	金属面夹芯板 **Metal sheet sandwich panel** **Металлическая сэндвич-панель**	以彩色涂层钢板为面材，以阻燃型聚苯乙烯泡沫塑料、聚氨酯泡沫塑料或岩棉、矿渣棉为芯材，用胶粘剂复合而成的金属面夹芯板。分别称为金属面聚苯乙烯夹芯板、金属面聚氨酯夹芯板、金属面岩棉、矿渣棉夹芯板。
		A metal sheet sandwich panel is made with color-coated steel sheet as the surface material and is made with flame-retardant expanded polystyrene, expanded polyurethane, and rock wool or slag wool as the core materials as well as adhesives. According to different core material, they are referred to as metal sheet polystyrene sandwich panel, metal sheet polyurethane sandwich panel, metal sheet rock wool sandwich panel, and metal sheet slag wool sandwich panel.
		В металлической сэндвич-панели внешний слой сделан из стальных листов с цветным покрытием, а сердечник – из огнестойкого пенополистирола, пенополиуретана или минеральной ваты, шлаковаты, соединённых адгезивом. Их называют металлическими сэндвич-панелями из полистирола, металлическими сэндвич-панелями из полиуретана, сэндвич-панелями

		из минеральной ваты и сэндвич-панелями из шлаковаты.
2-43	铝塑复合板 **Aluminum-plastic composite panel** **Алюминиевая композитная панель**	以塑料为芯材，外贴铝板的三层复合板，并在表面施加装饰性或保护涂层。 An aluminum-plastic composite panel is made with plastic as the core material, three-layer composite panel of the aluminum plate externally attached, and a decorative or protective coating applied on the surface. Трехслойная композитная плита с пластиком в сердечнике и алюминиевой пластиной снаружи, на которую наносится декоративное или защитное покрытие.
2-44	钢筋混凝土绝热材料复合外墙板 **Reinforced concrete thermal insulation composite exterior wall panel** **Композитная железобетонная теплоизоляционная панель для наружных стен**	以钢筋混凝土为承重层和面层，以岩棉为芯材，在台座上一次复合而成的复合外墙板。有承重墙板和非承重墙板两类。 A reinforced concrete thermal insulation composite exterior wall panel is a composite exterior wall panel made with reinforced concrete as the bearing layer and the surface layer, made with rock wool as the core material, and composited on the pedestal. They can be divided into load-bearing and non-load-bearing categories. Выполненная сборно-каркасным способом единого цикла композитная внешняя стеновая панель, в которой железобетон используется в качестве несущего поверхностного слоя, а в сердечнике находится минеральная вата. Существует два типа таких стеновых панелей: несущие и ненесущие.
2-45	石膏板复合墙板/复合石膏板 **Gypsum composite wall panel/composite**	以纸面石膏板为面层，以绝热材料为芯材的预制复合板。 A gypsum composite wall panel is a prefabricated composite panel with gypsum plaster board as the

	gypsum panel **Композитная** **гипсовая панель**	surface layer and thermal insulation materials as the core material. Композитная панель фабричного производства, у которой внешний слой из гипсокартона, а сердечник – из теплоизоляционных материалов.
2-46	**纤维水泥复合墙板** **Fiber cement** **composite wall panel** **Фиброцементная** **композитная панель**	以薄型纤维水泥板作面板,中间填充泡沫聚苯乙烯轻混凝土或泡沫膨胀珍珠岩轻混凝土等轻质芯材,以成组立模法一次复合成型的轻质复合板材。 A fiber cement composite wall panel is a lightweight composite panel, with thin fiber reinforced cement board as the surface panel, and filled with lightweight core materials such as foamed polystyrene light concrete or foam expanded perlite light concrete. It is formed through battery moulding. Лёгкая композитная панель, выполненная по кассетной технологии единого цикла, во внешнем слое которой используется тонкая фиброцементная плита, а сердечник заполняется легким бетоном со вспененным полистиролом, вспученным перлитом или другим легковесным заполнителем.
2-46-1	**石棉水泥板** **Asbestos cement panel** **Асбестоцементная** **плита**	以优质高标号水泥为基体材料,并配以天然石棉纤维增强,经先进生产工艺成型、加压、高温蒸养和特殊技术处理而制成的高科技产品,具有质轻、高强、防火、防水、防潮、隔声、隔热、保温、耐腐蚀、防虫鼠咬、抗冲击、易加工、易装饰等优良特点。 An asbestos cement panel is made with high-grade quality cement as the base material and enhanced with natural asbestos fiber, which are made by an advanced production process, pressurization, high-temperature steaming, and special technical treatment. It has many excellent features like being light weight, high-strength, fireproof, waterproof, and moisture-proof in addition to

		providing sound insulation, heat insulation, heat preservation, corrosion resistance, insect bite resistance, impact resistance, easy processing, ease in decorating, and so forth.
		Это высокотехнологичный продукт, изготовленный из высококачественного цемента высокой марки в качестве базового материала, армированного натуральными асбестовыми волокнами, сформованного с помощью передовых технологических процессов, прошедшего сжатие, высокотемпературное пропаривание и специальную техническую обработку. Имеет легкий вес, высокую прочность, обладает отличными показателями по огнестойкости и водостойкости, влагостойкости, звукоизоляции, теплоизоляции, коррозионной стойкости, устойчивости к воздействию насекомых и грызунов, ударопрочностью, простотой в обработке, легкостью отделки и другими отличными характеристиками.
2-46-2	混合纤维水泥板 **Mixed fiber cement panel** **Смешанно-волоконная фиброцементная плита**	以硅质、钙质材料为主原料，加入植物纤维，经过制浆、抄取、加压、养护而成的一种新型建筑材料。 A mixed fiber cement panel is a new type of building material made from siliceous and calcareous materials, added with plant fibers through pulping, copying, pressing and curing. Новый тип строительных материалов из кремнистых и кальциевых материалов в качестве основного сырья с добавлением растительных волокон, полученный путём шламирования, применения процесса Хатшека, прессования и тепловлажностной обработки.
2-46-3	无石棉纤维水泥板 **Asbestos-free fiber cement panel** Безасбестовая	以非石棉类无机矿物纤维、有机合成纤维或纤维素纤维，单独或混合作为增强材料，以普通硅酸盐水泥或水泥中添加硅质、钙质材料代替部分水泥为胶凝材料（硅质、钙质材料的总用量不超过胶凝材料总量的80%），经制浆、成型、蒸汽或高压蒸汽养护制成的

	фиброцементная плита	板材。
		An asbestos-free fiber cement panel is made with non-asbestos inorganic mineral fiber, organic synthetic fiber, or cellulose fiber — alone or in combination— as the reinforcing material, and ordinary Portland cement or cement added with siliceous and calcium materials to replace part of the cement as gelling material. (The total amount of siliceous and calcium material does not exceed 80% of the total amount of cementing material.) It is made through pulping, molding, steaming, or high pressure steam curing.
		Панель, для армирования которой применяются по отдельности или в комбинации безасбестовые неорганические минеральные волокна, органические синтетические волокна или целлюлоза, а в качестве вяжущего используется обычный портландцемент или цемент с кремнистыми и известковыми добавками (общее количество кремнистых и известковых добавок не должно превышать 80% всех вяжущих). В цикле производства проходит шламирование, формовку, пропаривание либо автоклавное отверждение.
2-47	硅酸钙复合墙板 **Calcium silicate composite wall panel** **Известково-силикатная композитная панель**	以薄型纤维增强硅酸钙板作面板,中间填充泡沫聚苯乙烯轻混凝土或泡沫膨胀珍珠岩轻混凝土等轻质芯材,以成组立模法一次复合成型的轻质复合板材。 A calcium silicate composite wall panel is a lightweight composite panel made with thin fiber reinforced calcium silicate board as the surface panel, and filled with lightweight core materials such as foamed polystyrene light concrete and foam expanded perlite light concrete. It is formed through battery moulding. Лёгкая композитная панель, выполненная по кассетной технологии единого цикла, во внешнем слое которой

		используется тонкая известково-силикатная плита, армированная волокном, а сердечник заполняется легким бетоном со вспененным полистиролом, вспученным перлитом или другим легковесным заполнителем.
2-48	钢丝网架水泥夹芯板 **Cement sandwich panel with steel welded wire fabric mesh** **Цементная сэндвич-панель с каркасом из стальной сетки**	由工厂专用设备生产的三维空间焊接钢丝网架和内填泡沫塑料板或半硬质岩棉板构成网架芯板,经施工现场喷抹水泥砂浆后形成的轻质板材。 A cement sandwich panel with steel welded wire fabric mesh is a lightweight panel, with the three-dimensional welded steel wire mesh frame produced by the factory-specific equipment and the inner foam-filled plastic plate or the semi-hard rock wool board to form the net core panel. Also, it is made with cement mortar sprayed on the construction site. Облегчённая панель с каркасно-сеточным сердечником в виде выполненного на специальном оборудовании 3D каркаса из сварной стальной сетки с заполнением из пенопласта или полутвёрдой минеральной ваты, который на строительной площадке покрывают песчано-цементным раствором.
2-49	GRC 外墙内保温板 **GRC heat-insulated exterior wall panel** **Внутренняя теплоизоляционная панель из стеклофибробетона для внешних стен**	以 GRC 为面层,聚苯乙烯泡沫塑料板为芯层,以台座法或成组立模法生产的夹芯式复合保温板。 A GRC heat-insulated exterior wall panel is a sandwich composite thermal insulation panel made by a pedestal method or battery moulding using GRC as the surface layer and expanded polystyrene board as the core layer. Композитная многослойная теплоизоляционная панель с внешним покрытием из стеклофибробетона и сердечником из пенополистирола, выполненная сборно-каркасным или кассетным методом.

2-50	纤维增强石膏外墙内保温板/增强石膏聚苯复合板 **Glass fiber reinforced gypsum thermal insulation panel at the inside surface of exterior wall/ reinforced gypsum with EPS composite panel** **Фиброгипсовая теплоизоляционная сэндвич-панель для внутренней изоляции внешних стен**	以玻璃纤维增强石膏为面层,聚苯乙烯泡沫塑料板为芯层,以台座法生产的夹芯式复合保温板。用于外墙内侧,以改善和提高外墙墙体的保温性能。生产时应在石膏基材中加入适量普通硅酸盐水泥、膨胀珍珠岩、外加剂,并用中碱玻璃纤维网格布增强。 A glass fiber reinforced gypsum thermal insulation panel at the inside surface of exterior wall is a sandwich-type composite thermal insulation panel made by a pedestal method using glass fiber reinforced gypsum as the surface layer and expanded polystyrene board as the core layer. It is used on the inside of the exterior wall to improve insulation. During production, an appropriate amount of ordinary Portland cement, expanded perlite, and admixture should be added to the gypsum and reinforced with a medium-alkali glass fiber mesh cloth. Многослойная композитная теплоизоляционная плита, изготовленная сборно-каркасным методом из армированного стекловолокном гипса в качестве поверхностного слоя и пенополистирольной плитой в качестве сердечника. Используется по внутренней стороне внешней стены для улучшения теплоизоляционных свойств внешней стены. В процессе производства в гипсовую основу необходимо добавить соответствующее количество обычного портландцемента, вспученного перлита и добавок, а для армирования использовать среднещелочную стеклотканевую сетку.
2-51	玻璃纤维增强聚合物水泥聚苯乙烯复合外墙内保温板/P-GRC 外墙内保温板 **Glass-fiber reinforced polymer-cement**	以聚合物乳液、水泥、砂配制成的砂浆作面层,用耐碱玻璃纤维网格布作增强材料,用自熄性聚苯乙烯泡沫塑料板作芯材制成的夹芯式内保温板。 It is a sandwich-type inner insulation panel. The mortar is made of polymer emulsion. Cement and sand are used as the surface layer. The alkali-resistant glass fiber

	thermal insulation panel with EPS at the inside surface of exterior wall/P-GRC thermal insulation panel at the inside surface of exterior wall **Полимерцементно-полистирольная композитная панель для теплоизоляции внутренней поверхности внешних стен**	mesh cloth is used as the reinforcement. Self-extinguishing expanded polystyrene board is used as the core material. Внутренняя теплоизоляционная сэндвич-панель, в которой раствор из полимерной эмульсии, цемента и песка используется в качестве наружного слоя, в качестве армирующего материала используется устойчивая к щелочам стекловолоконная сетка, а в сердечник закладывается самозатухающая пенополистирольная плита.
2-52	**充气石膏板** **Aerated gypsum panel** **Газогипсовая панель**	以建筑石膏、无机填料、气泡分散稳定剂等为原料，经搅拌、充气发泡、浇注成板芯，然后再浇注石膏面层，成为复合的外墙内保温板。 An aerated gypsum panel is a composite thermal insulation panel placed at the inside surface of exterior wall with building gypsum, inorganic filler, bubble dispersion stabilizer and the like as the raw materials. It is made through processes of mixing, aerating and foaming, and casting to form a core panel. Then it is coated with a gypsum surface layer. Композитная панель для теплоизоляции внутренней поверхности внешних стен, сырьём для которой являются строительный гипс, неорганические наполнители, стабилизатор пузырьковой дисперсии и др. Производство включает перемешивание, газовыделение, заливку сердечника и заливку внешнего гипсового слоя.

2-53	水泥聚苯板 **Cement EPS wall panel** **Полистиролбетонная плита**	以普通硅酸盐水泥、废旧聚苯乙烯破碎后的颗粒、发泡剂等为原料，经加水搅拌、浇注成型为板材，作外墙内保温板，也可作外墙外保温板。 A cement EPS wall panel is made from ordinary Portland cement, granules and foaming agent crushed by waste polystyrene, and mixed with water to form a plate for external wall insulation. It can also be used as external wall insulation board. Теплоизоляционная плита для внешней и внутренней поверхности внешних стен из обыкновенного портландцемента, дроблёного гранулята вторсырья полистирола, газопенообразователя и др. Производится путём перемешивания с водой и формовочной заливки.
2-54	**BT 型外保温板** **BT-type thermal insulation panel at the inside surface of exterior wall** **Внешняя термоизоляционная панель типа BT**	以普通水泥砂浆为基材，以镀锌钢丝网及钢筋为增强材，在制作过程中与聚苯乙烯泡沫塑料板复合成单面型的保温墙板。 A BT-type thermal insulation panel at the inside surface of exterior wall is a single-sided thermal-insulation wallboard made with ordinary cement mortar as the base material, the galvanized steel mesh and the steel bar as the reinforcing material, and combined with the polystyrene foam board. Односторонняя теплоизоляционная панель, материалом основы которой выступает обыкновенный цементно-песчаный раствор, в качестве армирующего материала используется сетка из оцинкованной стальной проволоки и стальная арматура, соединённая с плитой из пенополистирола.
2-55	GRC 外保温板 **GRC thermal insulation panel at the**	由玻璃纤维增强水泥（GRC）面层与高效保温材料预复合而成的外墙外保温用的板材。可做成单面板或双面板。

	outside surface of exterior wall **Внешняя фиброцементная теплоизоляционная панель**	A GRC thermal insulation panel at the outside surface of exterior wall is a panel for exterior insulation prefabricated by glass fiber reinforced cement (GRC) surface layer and high-efficiency insulation material. It can be made into single-wall or double-wall panels. Внешняя теплоизоляционная панель фабричного производства, наружная поверхность которой производится из армированного стекловолокном цемента, соединяется с высокоэффективным теплоизоляционным материалом. Выпускают одностороннего и двустороннего исполнения.
2-56	**GRC 岩棉外墙挂板** **GRC thermal insulation hanging exterior wall panel composited with rock wool panel** **Наружная навесная панель из фиброцемента и минеральной ваты**	将工厂预制的 GRC 外墙挂板、岩棉板在现场复合到主墙体上的一种外保温用的板材。 A GRC thermal insulation hanging exterior wall panel composited with rock wool panel is an external thermal insulation board laminated on the main wall with factory-prepared GRC siding and rock wool board. Один из используемых по наружной поверхности стен теплоизоляционных материалов, представляющий собой внешние навесные фиброцементные панели фабричного производства, которые на строительной площадке соединяют с плитами из минеральной ваты.

大类别 Category Основная категория	术语 Term Термин	注释 Explanatory Note Толкование
3	组成材料 **Component Materials** Композиционные материалы	
3-1	胶结料 **Cementing** Вяжущее	在物理、化学作用下，能胶结其他物料使浆体变成坚固的石状体的物质。 Cementing refers to a category of materials that can bond other materials in the form of slurry, and can gradually get hardened to form the artificial stone with strength after a series of physical and chemical effects. В результате физических и химических процессов может связывать другие материалы, превращая пульпу в твердое камнеобразное вещество.
3-2	钙质材料 **Calcareous materials** Кальциевые материалы	以氧化钙为主要成分的材料。水化后能与二氧化硅反应生成以水化硅酸钙为主的胶结料。 Calcareous materials are materials containing calcium oxide as a main component. After hydration, calcareous materials can react with silica to form a cementing material mainly composed of hydrated calcium silicate. Материал с оксидом кальция в качестве основного компонента. После гидратации он может реагировать с диоксидом кремния с образованием вяжущего, в основном гидратированного силиката кальция.
3-2-1	水泥 **Cement** Цемент	加水拌和成塑性浆体，能胶结砂石等适当材料并能在空气和水中硬化的粉状水硬性胶凝材料。根据其组成可分为硅酸盐水泥、普通硅酸盐水泥、抗硫酸盐硅酸盐水泥、低碱度水泥等。

		Cement is a powdery hydraulic cementing material that can form plastic slurry when mixed with water, be cemented with suitable materials such as sand, and be hardened in air and water. According to its composition, it can be divided into Portland cement, ordinary Portland cement, sulfate-resistant Portland cement, and low-alkalinity cement. Порошкообразный гидравлический цементирующий материал, при смешивании с водой образует пластичную суспензию, которая может связывать подходящие материалы, такие как песок и камень, может затвердевать на воздухе и в воде. По своему составу делится на портландцемент, обыкновенный портландцемент, сульфатостойкий портландцемент, цемент низкой щелочности и др.
3-2-2	石灰 Lime Известь	生石灰和消石灰的总称。 Lime is a general term for quicklime and slaked lime. Общее название негашеной и гашеной извести.
3-2-2-1	生石灰 Quicklime Негашеная известь	由石灰石、白云石等碳酸钙含量高的原料，经 900～1300℃煅烧分解出二氧化碳而成的氧化钙（CaO）。 Quicklime refers to the Calcium oxide (CaO) obtained from the carbon dioxide, which is formed when the raw material with a high calcium carbonate content (such as limestone or dolomite) is calcined at a temperature of 900 to 1300℃. Оксид кальция (CaO), полученный из сырья с высоким содержанием карбоната кальция, такого как известняк и доломит, которое кальцинируется при температуре от 900 до 1300 ℃ до разложения диоксида углерода.

3-2-2-2	消石灰/熟石灰 **Slaked lime/calcium hydroxide** **Гашеная известь**	由生石灰加水消化后而成的氢氧化钙[Ca(OH)₂]。 Slaked lime is calcium hydroxide [Ca(OH)₂] which is formed by quicklime slaked with water. Гидроксид кальция [Ca (OH)₂], полученный путём гашения негашеной извести водой.
3-2-3	电石渣 **Calcium carbide residue (CCR) or calcium carbide sludge** **Карбидный шлак**	电石水解获取乙炔气后的以氢氧化钙为主要成分的废渣。 Calcium carbide residue is the waste residue with calcium hydroxide as the main component after acetylene gas is obtained by hydrolysis of calcium carbide. Остаток гидролиза карбида кальция с выделением ацетилена с гидроксидом кальция в качестве основного компонента.
3-2-4	钢渣 **Steel slag** **Шлак (сталелитейный)**	平炉、转炉、电炉等炼钢炉排出的以氢氧化钙为主要成分的废渣。 Steel slag is the slag mainly composed of calcium hydroxide that is discharged from open hearth, converter, electric furnace, and other steelmaking furnaces. Отработанный шлак, вырабатываемый в сталеплавильных печах, таких как мартеновские печи, конвертеры и электрические печи с гидроксидом кальция в качестве основного компонента.
3-2-5	快硬硫铝酸盐水泥 *Quick-harding sulphoaluminate cement* **Быстрозатвердеваю щий сульфоалюминатный**	以适当成分的生料,经煅烧所得以无水硫铝酸钙和硅酸二钙为主要矿物成分的熟料和少量石灰石、适量石膏一起磨细制成的早期强度高的水硬性胶凝材料。 Quick-hardening sulphoaluminate cement is a kind of hydraulic cementing material with a high-intensity at the early stage. It is made when the refined materials, mainly anhydrous calcium sulphoaluminate and dicalcium silicate, are obtained after the calcining of

	цемент	proper raw materials and mixed and ground with a small amount of limestone and appropriate amount of gypsum. Быстротвердеющее гидравлическое вяжущее из сырого сырья соответствующего состава, полученного с помощью кальцинированного обжига прошедшего обжиг материала (минеральным составом из безводного сульфоалюмината кальция и двухкальциевого силиката в качестве основных компонентов), небольшого количества известняка и соответствующего количества гипса, которые вместе измельчают перетиранием.
3-2-6	Ⅰ型低碱度硫铝酸盐水泥 Ⅰ-type low pH value sulphoaluminate cement Низкощелочной сульфоалюминатный цемент типа Ⅰ	以无水硫铝酸钙为主要成分的硫铝酸盐水泥熟料,配以一定量的硬石膏磨细而成,具有碱度较低特性的水硬性胶凝材料。 I-type low pH value sulphoaluminate cement is a kind of hydraulic cementing material with low alkalinity. It is made from sulphoaluminate cement clinker with anhydrous calcium sulphoaluminate as the main component and ground with a certain amount of anhydrite. Обладающее сравнительно низкими показателями щелочности гидравлическое вяжущее. Сульфоалюминатный цементный клинкер с безводным сульфоалюминатом кальция в качестве основного компонента измельчается истиранием вместе с определенным количеством безводного гипса.
3-2-7	低碱度硫铝酸盐水泥 Low pH value sulphoaluminate cement Низкощелочной сульфоалюминатный цемент	以无水硫铝酸钙为主要成分的硫铝酸盐水泥熟料,配入适量的石膏和20%~50%的石灰石磨细而成,具有碱度低、自由膨胀较小的水硬性胶凝材料。 Low pH value sulphoaluminate cement is a kind of hydraulic cementing material with low alkalinity and small free expansion. It is made primarily from sulphoaluminate cement clinker, in which anhydrous calcium

		sulphoaluminate is the main component, and is mixed with an appropriate amount of gypsum and 20% to 50% limestone. Гидравлическое вяжущее с достаточно низкими показателями свободного расширения и щёлочности. Получается путём истирания смеси из сульфоалюминатного цементного клинкера (с безводным сульфоалюминатом кальция в качестве основного компонента), достаточного количества гипса и известняка (в количестве от 20% до 50% объёма).
3-3	硅质材料 **Siliceous materials** **Кремнистые материалы**	以二氧化硅为主要成分的材料。在一定条件下，能与氢氧化钙反应生成以水化硅酸钙为主的胶结料。 Siliceous materials contain silicon dioxide as the main component. Under certain conditions, siliceous materials can react with calcium hydroxide to form a cementing material mainly composed of hydrated calcium silicate. Материал с диоксидом кремния в качестве основного компонента. При определенных условиях он может реагировать с гидроксидом кальция с образованием вяжущего, в основном гидратированного силиката кальция.
3-3-1	低钙粉煤灰/粉煤灰 **Low-calcium fly ash/fly ash** **Низкокальциевая пылеугольная зола**	从煤粉炉烟道气体中收集的以二氧化硅为主要成分，氧化钙含量不大于10%的粉末。 Low-calcium fly ash is a powder collected from the flue gas of pulverized coal furnace. It is mainly composed of silica, and the content of calcium oxide is not more than 10%. Порошок, собранный из топочного газа пылеугольной печи с диоксидом кремния в качестве основного компонента и содержанием оксида кальция не более 10%.

3-3-2	高钙粉煤灰 **High-calcium fly ash** Пылеугольная зола с высоким содержанием кальция	某些褐煤燃烧所得氧化钙含量大于 10%的粉煤灰。 High-calcium fly ash is fly ash containing more than 10% CaO from the combustion of some lignite. Пылеугольная зола с содержанием оксида кальция более 10%, образующаяся при горении некоторых видов бурого угля
3-3-3	煤渣 **Coal slag or cinder** Угольный шлак	块煤经燃烧所得的以二氧化硅为主要成分的废渣。 Coal slag is a waste material with silica (which is obtained from lump coal combustion) as the main component. Отходы сжигания кускового угля с диоксидом кремния в качестве основного компонента.
3-3-4	粒化高炉矿渣 **Granulated blast furnace slag** Гранулированный доменный шлак	高炉冶炼生铁所得以硅酸钙与铝酸钙为主要成分的熔融物，经淬冷成粒的废渣。 Granulated blast furnace slag is the waste residue obtained by quenching and granulation of melted calcium silicate and calcium aluminate from pig iron smelting in blast furnace. Гранулированный охлаждением брызгами шлаковый расплав доменного чугунолитейного производства с силикатом кальция и алюминатом кальция в качестве основных компонентов.
3-3-5	高炉重矿渣 **Heavy blast furnace slag** Тяжёлый доменный шлак	高炉冶炼生铁所得以硅酸钙与铝酸钙为主要成分的熔融物，经自然冷却成块的废渣。 Heavy blast furnace slag is waste residue obtained by natural cooling of melted calcium silicate and calcium aluminate from pig iron smelting in blast furnace. Шлаковый расплав доменного чугунолитейного производства с силикатом кальция и алюминатом кальция в качестве основных компонентов, кускованный методом свободного охлаждения.

3-3-6	煤矸石 **Coal gangue** **Пустая угольная порода (порода углеотвала)**	采煤和洗煤过程中排出的以二氧化硅为主要成分的炭质岩石废渣。 Coal gangue is carbonaceous rock waste residue with silica (which is discharged during coal mining and coal washing) as the main component. Отходы добычи и обогащения угольных пород с двуокисью кремния в качестве основного компонента.
3-3-7	自燃煤矸石 **Self-combusted coal gangue** **Пустая порода самовозгорающегося угля**	经风化自行燃烧而成的一种煤矸石。 Self-combusted coal gangue is a coal gangue burned by weathering. Пустая угольная порода, полученная в результате выветривания самовозгоранием.
3-3-8	尾矿 **Tailings or mineral waste** **Хвосты (отходы обогащения)**	铁矿、铜矿、锌矿等矿山选矿后排出的以二氧化硅为主要成分的废渣。 Tailings are the waste residue mainly composed of silicon dioxide discharged from the ore dressing of iron ore, copper ore, and zinc ore. Шлаки с диоксидом кремния в качестве основного компонента, получаемые в результате обогащения железной, медной, цинковой и других руд.
3-3-9	沸腾炉渣 **Fluidized furnace slag** **Шлак печи кипящего слоя**	煤矸石和煤经沸腾锅炉燃烧排出的以二氧化硅为主要成分的废渣。 Fluidized furnace slag is the waste residue with silica, discharged from the combustion of coal gangue and coal in a fluidized bed boiler, as the main component. Отходы, получаемые при сжигании угля и пустой угольной породы в печи кипящего слоя.

3-3-10	液态渣 **Liquid slag** **Жидкий шлак**	煤粉（掺有石灰石粉）经液态排渣炉高温悬浮燃烧排出的熔融物，经淬冷成粒的废渣。 Liquid slag is granulated waste residue obtained by quenching the pulverized coal (with limestone powder) discharged by high temperature suspension combustion of the liquid slag furnace. Гранулированный охлаждением брызгами шлаковый расплав в виде угольной пыли (с примесью известковой пыли), полученный в результате высокотемпературного сгорания взвеси в топке с жидким шлакоудалением.
3-3-11	火山渣 **Scoria** **Вулканический шлак**	火山喷出的熔岩经冷却而成的粗细碎屑的总称。 Scoria is a general term for the coarse and fine debris of a lava ejected from a volcano. Общий термин для крупных и мелких обломков, образовавшихся при охлаждении лавы вулкана.
3-3-12	浮石 **Pumice** **Пемза**	火山喷出的熔岩经急冷而成的以二氧化硅为主要成分的多孔岩块。 Pumice is a porous rock block with silica, obtained from the rapid cooling of lava ejected from a volcano, as the main component. Быстро охлаждённая вулканическая лава формирует пористую породу с кремнеземом в качестве основного компонента.
3-3-13	硅灰 **Silica fume** **Силикатная пыль**	从生产硅及其合金的排气装置中收集的以二氧化硅为主要成分的粉末。 Silica fume is silica-based powder collected from an exhaust device for producing silicon and its alloys. Порошок с диоксидом кремния в качестве основного компонента, получаемый из вытяжного устройства при производстве кремния и его сплавов.

3-3-14	沸石 **Zeolite** Цеолит	碱和碱金属的含水铝硅酸盐矿物的总称。 Zeolite is a general term for aqueous aluminosilicate minerals of alkali and alkali metals. Общий термин для водных алюмосиликатных минералов щелочей и щелочных металлов.
3-3-15	油页岩渣 **Oil shale waste** Шлак горючих сланцев	油页岩经炼油或中高温加工排出的以二氧化硅为主要成分的废渣。 Oil shale waste is silica-based waste slag discharged from oil shale by refining or medium-high temperature processing. Отходы, содержащие диоксид кремния в качестве основного компонента, получаемые из горючего сланца в результате перегонки нефти или средне- и высокотемпературной обработки.
3-3-16	硅藻土 **Diatomaceous earth or diatomite** Диатомит	硅藻残骸在海（或湖）底沉积而成的以二氧化硅为主要成分的多孔软质岩石或土块。 Diatomaceous earth is a porous soft rock or clod with silicon dioxide as the main component deposited on the bottom of the sea (or lake). Остатки диатомовых водорослей откладываются на дне моря (или озера), образуя пористые мягкие породы или блоки почвы с кремнеземом в качестве основного компонента.
3-4	石膏 **Gypsum** Гипс	以二水硫酸钙（$CaSO_4 \cdot 2H_2O$）为主要成分的矿物及其脱水产物。 Gypsum is mineral and dehydration product containing calcium sulfate dihydrate ($CaSO_4 \cdot 2H_2O$) as the main component. Минералы, содержащие дигидрат сульфата кальция ($CaSO_4 \cdot 2H_2O$) в качестве основного компонента и продукты их дегидратации.

3-4-1	天然石膏 **Natural gypsum** **Природный гипс**	自然界存在的以二水硫酸钙或无水硫酸钙为主要成分的矿物。 Natural gypsum is a mineral containing calcium sulfate dihydrate or anhydrous calcium sulfate as a main component in nature. Существующий в природе минерал с дигидратом сульфата кальция или безводным сульфатом кальция в качестве основного компонента.
3-4-1-1	二水石膏 **Dihydrate gypsum** **Дигидратный гипс**	以两个结晶水的硫酸钙（$CaSO_4 \cdot 2H_2O$）为主要成分的矿物。 Dihydrate gypsum is a mineral containing calcium sulfate ($CaSO_4 \cdot 2H_2O$) as the main component. Минерал с двумя закристаллизованными молекулами воды, соединёнными с сульфатом кальция ($CaSO_4 \cdot 2H_2O$) в качестве основного компонента.
3-4-1-2	硬石膏/无水石膏 **Anhydrite/anhydrous calcium sulfate** **Безводный гипс (ангидрит)**	以无水硫酸钙（$CaSO_4$）为主要成分的矿物。 Anhydrite is a mineral containing anhydrous calcium sulfate ($CaSO_4$) as the main component. Минерал с безводным сульфатом кальция ($CaSO_4$) в качестве основного компонента.
3-4-2	建筑石膏/熟石膏 **Calcined gypsum** **Безводный (строительный) гипс**	石膏经低温煅烧所得到的以β半水硫酸钙（$\beta CaSO_4 \cdot 1/2H_2O$）为主要成分、不预加任何外加剂的粉状胶结料。 Calcined gypsum is a powdery binder obtained by low-temperature satin burning with β-calcium sulfate hemihydrate ($\beta CaSO_4 \cdot 1/2H_2O$) as the main component without any pre-addition. Гипс – это порошкообразное вяжущее с β-полугидратом сульфата кальция ($\beta CaSO_4 \cdot 1/2H_2O$) в качестве основного компонента и без каких-либо добавок, которое получают низкотемпературным обжигом.

3-4-3	工业副产石膏 **Industrial by-product gypsum** Побочный промышленный гипс	工业生产中排出的以二水硫酸钙为主要成分的废渣的总称。 Industrial by-product gypsum is a general term for waste slag with calcium sulfate dihydrate (discharged from industrial production) as the main component. Общий термин для отходов промышленных предприятий с дигидратом сульфата кальция в качестве основного компонента.
3-4-3-1	氟石膏 **Fluorogypsum** Фторогипс	制取氢氟酸后所得的、以二水硫酸钙为主要成分的废渣。 Fluorogypsum is a waste residue obtained by preparing hydrofluoric acid. It contains calcium sulfate dihydrate as the main component. Отходы производства плавиковой (фтористоводородной) кислоты с дигидратом сульфата кальция в качестве основного компонента.
3-4-3-2	磷石膏 **Phosphogypsum** Фосфогипс	制取磷酸后所得的、以二水硫酸钙为主要成分的废渣。 Phosphogypsum is a waste residue obtained by preparing phosphoric acid. It contains calcium sulfate dihydrate as the main component. Отходы производства фосфорной кислоты с дигидратом сульфата кальция в качестве основного компонента.
3-4-3-3	烟气脱硫石膏 **Flue gas desulfurization gypsum or FGD Gypsum** *Гипс, получаемый в десульфуризационных установках*	工业生产中的烟气经石灰或石灰石水洗脱硫而分离出的废渣，主要成分为二水硫酸钙。 Flue gas desulfurization gypsum is the waste residue separated from sulfur by lime or limestone water from the industrial production of flue gas, and the main component is calcium sulfate dihydrate. Отходы, отделяемые от дымовых газов в промышленном производстве путем элюирования серы известью или известняковой водой, основным компонентом является дигидрат сульфата кальция.

3-5	轻烧镁胶结料/菱苦土 **Magnesia binder/magnesia** **Вяжущее из магнезита**	由菱镁矿经煅烧分解为氧化镁（MgO）后磨细而成。 Magnesia binder is made by grinding magnesium oxide (MgO), which is obtained through calcining of magnesite. Получают путём истирания полученной в результате обжига магнезитового шпата магнезии (окиси магния, MgO).
3-6	氯氧镁水泥（镁质胶凝材料）/索勒尔胶结料 **Chloride-oxide magnesium cement / Sorel cement** **Цемент Сореля (цемент на основе оксихлорида магния)**	由轻烧镁胶结料加浓氯化镁溶液调和而成。 Chloride-oxide magnesium cement is made up of light-burnt magnesium cement and concentrated magnesium chloride solution. Производится путём смешивания прошедшего лёгкий обжиг магнезиального вяжущего с концентрированным раствором хлорида магния.
3-7	轻集料 **Lightweight aggregates** *Лёгкий заполнитель*	堆积密度不大于 1100kg/m³ 的轻粗集料和堆积密度不大于 1200kg/m³ 的轻细集料的总称。按其性能分为超轻集料、普通轻集料和高强轻集料三种。 Lightweight aggregates are the general term for light and coarse aggregates with a bulk density of no more than 1100 kg/m³ and light and fine aggregates with a bulk density of no more than 1200 kg/m³. According to its performance, lightweight aggregates are divided into three types: ultra-light aggregate, ordinary light aggregate, and high-strength light aggregate. Общий термин для легких крупных заполнителей с насыпной плотностью не более 1100 кг / м3, а также легких мелких заполнителей с насыпной плотностью не более 1200 кг / м3. По своим характеристикам его можно разделить на три типа: сверхлегкий заполнитель, обычный легкий заполнитель и высокопрочный легкий заполнитель.

3-7-1	陶粒 **Ceramsite** **Керамзит**	黏土质材料经破碎或成球后，在高温下经烧胀或烧结制成的多孔人造轻集料的总称。 Ceramsite is a general term for porous artificial light aggregates prepared by swelling or sintering at a high temperature after the clay material has been broken or formed into a ball. Общий термин для пористых искусственных легких заполнителей, полученных высокотемпературным расширением или спеканием глиняных материалов после их дробления или гранулирования.
3-7-1-1	黏土陶粒 **Clay ceramsite or Keramzite** **Глиняный керамзит**	以黏土和粉质黏土等为主要原料，经加工制粒、烧胀而成的陶粒。 Clay ceramsite is ceramsite made from clay and silty clay as the main raw material after the process of granulation and sintering-expansion. Керамзит, получаемый в результате грануляции и высокотемпературного расширения обычной или алевритистой глины.
3-7-1-2	页岩陶粒 **Shale ceramsite or agloporite** **Аглопорит**	以黏土质页岩、板岩等为主要原料，经破碎、筛分或粉磨制粒、烧胀而成的陶粒。 Shale ceramsite is made from clay shale, slate, and other main raw materials which are broken, screened, grinded, granulated and burned. Керамзит, состоящий из глинистых, шиферных сланцев и т.д. в качестве основного сырья, которое дробится, просеивается или измельчается для гранулирования, проходит расширение.
3-7-1-3	粉煤灰陶粒 **Fly ash ceramsite or sintered fly ash**	以粉煤灰为主要原料，掺加适量黏土，经加工成球、烧胀或烧结而成的陶粒。 Sintered fly ash is made of fly ash as the main raw material mixed with the appropriate amount of clay,

	Керамзит из пылеугольной золы	then processed into balls, and burned or sintered into ceramsite. В качестве основного сырья используется пылеугольная зола, которая смешивается с соответствующим количеством глины, формируется в округлую форму, проходит расширение или спекание в керамзит.
3-7-2	**天然轻集料** **Natural lightweight aggregates** **Природные лёгкие заполнители**	因火山爆发等自然原因而形成的一种多孔岩石碎块，经加工、破碎、筛分等而成的一种轻集料。如浮石、火山渣等。 Natural lightweight aggregates are a kind of aggregates. They are formed when porous rock fragments, usually made by natural causes such as volcanic eruption, are processed, crushed, and sieved. (Examples include pumice, volcanic slag, etc.) Сформированный под влиянием природных факторов (извержения вулканов и др.) лёгкий заполнитель из пористых пород щебёночного типа, которые проходят обработку, дробление, просеивание и др. Например, пемза, вулканический шлак и др.
3-7-3	**工业废渣轻集料** **Lightweight aggregates of industrial waste residue** **Лёгкие заполнители из промышленных шлаков**	在工业生产中排出的多孔废渣，经加工、破碎、筛分等而成的一种轻集料。如煤渣、煤矸石、膨胀矿渣珠等。 Lightweight aggregates of industrial waste residue are a kind of lightweight aggregates processed, crushed, and sieved from the porous waste residue discharged from industrial production, such as cinder, coal gangue, expanded slag beads and so on. Лёгкий заполнитель, состоящий из пористых отходов промышленного производства, проходящих обработку, дробление и сортировку. Например, угольный шлак, пустая угольная порода, шаровидный вздутый шлак и др.

3-8	增强材料 **Reinforcements** Армирующие материалы	
3-8-1	石棉 **Asbestos** **Асбест**	纤维状镁、钙、钠、铁的硅酸盐矿物总称。 Asbestos is a general term for silicate minerals of fibrous magnesium, calcium, sodium and iron. Общий термин для волокнистых силикатных минералов, имеющих в своём составе магний, кальций, натрий, железо.
3-8-1-1	蛇纹石石棉/温石棉 **Serpentine/chrysmile asbestos** **Хризотил (змеевиковый асбест)**	纤维状含水的镁硅酸盐。 Serpentine/Chrysmile asbestos is a kind of fibrous aqueous magnesium silicate. Волокнистый гидратированный силикат магния.
3-8-1-2	玻璃纤维 **Glass fiber** **Стекловолокно**	熔融玻璃经一定的成型工艺制成的纤维。 Glass fiber is the fiber made of molten glass through a certain molding process. Расплавленное стекло, в результате определённой технологии формовки превращённое в волокно.
3-8-1-3	中碱玻璃纤维 **Medium-alkali glass fiber** **Среднещелочное стекловолокно**	碱金属氧化物含量在 12%左右的玻璃纤维。 Medium-alkali glass fiber is the glass fiber with alkali metal oxide content of about 12%. Стекловолокно с содержанием оксида щелочного металла около 12%.
3-8-1-4	耐碱玻璃纤维/抗碱玻璃纤维 **Alkali-resistant (AR)**	用于增强硅酸盐水泥的玻璃纤维,能耐水泥水化时析出的水化物的长期侵蚀。 Alkali-resistant glass fiber is used to reinforce the glass

	glass fiber Щёлочестойкое стекловолокно	fibers of Portland cement, and can resist the long-term erosion of hydrates precipitated during cement hydration. Стекловолокно, используемое для армирования портландцемента, может выдерживать длительную эрозию гидратами, выделяющимися во время гидратации цемента.
3-8-2	合成纤维 Synthetic fiber Синтетическое волокно	以苯、二甲苯、苯酚、乙烯、丙烯、乙炔等为基本原料，先合成高分子化合物，再用不同方法制成的化学纤维。 Synthetic fiber is made from benzene, xylene, phenol, ethylene, propylene and acetylene synthesized and polymerized, and then made into chemical fibers by different methods. Изготовленное с использованием различных методов химическое волокно из синтезированных на основе бензола, ксилола, фенола, этилена, пропилена, ацетилена и других веществ высокомолекулярных соединений.
3-8-2-1	聚乙烯醇纤维/维尼纶纤维 Polyvinyl alcohol fiber or PVA fiber / vinylon fiber Винилон	以聚乙烯醇为主要原料制成的化学纤维。简称维纶。 Polyvinyl alcohol fiber is a kind of chemical fiber made from polyvinyl alcohol as the main raw material. It is often referred to as vinylon. Химическое волокно, изготовленное из поливинилового спирта в качестве основного сырья. Сокращённое наименование: винилон.
3-8-2-2	聚丙烯纤维 Polypropylene fiber Полипропиленовое волокно	以聚丙烯为主要原料制成的化学纤维。简称丙纶。 Polypropylene fiber is a kind of chemical fiber made from polypropylene as the main raw material. It is often referred to as polypropene. Химическое волокно из полипропилена в качестве основного сырья. Сокращённое наименование: полипропиленовое волокно.

3-8-3	**纤维素纤维** **Cellulosic fiber or cellulose** **Целлюлозное волокно**	用某些植物的秆和韧皮等经机械或化学加工制成的纤维。如纸浆、竹浆、麻丝等。 Cellulosic fiber is the fiber made by mechanical or chemical processing of rods and bast of certain plants, such as pulp, bamboo pulp, hemp, etc. Волокна, полученные путем механической или химической обработки стеблей и луба некоторых растений. Например, бумажная пульпа, бамбуковая пульпа, конопляное волокно и др.
3-8-4	**纸纤维浆/纸浆** **Paper fiber pulp/paper pulp** **Бумажная пульпа**	纸纤维与水的混合液。 Paper fiber pulp is a mixture of paper fiber and water. Смесь бумажного волокна с водой.
3-8-5	**钢丝网** **Wire mesh or steel mesh** **Стальная проволочная сетка**	用直径小于 2mm 的冷拔低碳钢丝编织或焊接成的网，用于制作钢丝网水泥制品。 Wire mesh is a kind of net, woven or welded by cold drawn low carbon steel wires with diameter less than 2 mm used to make steel mesh cement products. Сетка, сплетенная или сваренная из холоднотянутой проволоки из низкоуглеродистой стали сечением менее 2 мм, используется для изготовления цементных изделий со стальной сеткой.
3-8-6	**钢丝网架** **Wire mesh frame** **Стальной сетчатый каркас**	采用直径为 2.0~2.2mm 的镀锌低碳钢丝或低碳钢丝，焊接成的三维空间网架。 Wire mesh frame is a three-dimensional space grid welded by galvanized low carbon steel wires or low carbon steel wires with diameter of 2.0 to 2.2mm. Трехмерный сетчатый каркас, сваренный из оцинкованной или обычной низкоуглеродистой стальной проволоки диаметром 2.0 до 2.2 мм.

3-8-7	纸面石膏板护面纸 **Drywall gypsum board or gypsum plaster board** **Бумажное защитное покрытие, используемое в гипсокартоне**	纸面石膏板护面专用纸。生产纸面石膏板时，覆盖于石膏芯两面及两棱，能牢固地与石膏芯材黏结在一起。分上纸（使用时的底纸）和下纸（使用时的面纸）两种。生产耐水纸石膏板时，则用专用的耐水护面纸。 Drywall gypsum board is a kind of special paper for gypsum board. When the drywall gypsum board is produced, it covers both sides and edges of the plaster core and can be firmly bonded to the gypsum core material. Drywall gypsum board includes two types of paper, upper paper (backing paper in use) and lower paper (wall paper in use). When the water-resistant plasterboard (liner) is produced, it uses special water-resistant board paper. Специальная бумага для защиты поверхности гипсокартона. При производстве гипсокартона с бумажной поверхностью, бумага покрывает обе стороны и края гипсовой сердцевины и прочно связывается с материалом гипсовой сердцевины. Существует два типа бумаги: бумага верхнего покрытия (при использовании бумага подложки) и бумага нижнего покрытия (лицевая бумага в момент использования). При производстве водостойкого гипсокартона используется специальная водостойкая защитная бумага.
3-8-8	建筑用草板护面纸 **Carton board for compressed straw slabs or Compressed Straw Board (CSB)** **Защитное бумажное покрытие, используемое в**	生产建筑用草板时，用胶粘裹在整个草芯外面的护面纸。 Carton board for compressed straw slabs is glued to the outside of the entire straw core when producing construction straw slabs. Защитная бумага, которая используется при производстве строительных плит из прессованной соломы, где сердечник из соломы полностью

	плитах из прессованной соломы	оклеивается данным защитным бумажным покрытием.
3-9	绝热材料 **Thermal insulation materials** **Теплоизоляционные материалы**	不易传热的材料，是保温、隔热材料的总称。 Thermal insulation materials are the general term for insulation and insulation materials. Общее название для материалов с плохой теплопроводностью, используемых для теплоизоляции.
3-9-1	膨胀珍珠岩 **Expanded perlite** **Вспученный перлит**	由酸性火山玻璃质熔岩即珍珠岩、松脂岩、黑曜岩经破碎、筛分、高温焙烧膨胀冷却而成的白色颗粒状的多孔绝热材料。通常称作膨胀珍珠岩粉料或膨胀珍珠岩散料。 Expanded perlite is white granular porous insulation material which is obtained when acid volcanic vitreous lava (i.e. Zhenyan rock, rosin rock and obsidian) is crushed, sieved, and calcined at a high temperature. It is often referred to expanded perlite powder or expanded perlite bulk. Белый пористый пеллетированный теплоизоляционный материал, изготовленный из кислой вулканической стекловидной лавы, а именно прошедшие дробление, просеивание, высокотемпературный обжиг, расширительное охлаждение перлит, смоляной камень и обсидиан. Часто называют гранулированным вспученным перлитом или сыпучим вспученным перлитом.
3-9-2	球形闭孔膨胀珍珠岩 **Spherical closed-cell expanded perlite or spherical expanded perlite with closed pore**	一种膨胀珍珠岩，颗粒似球形，表面呈玻壳，闭孔。 Spherical closed-cell expanded perlite is an expanded perlite with spherical particles, which has a glass bulb surface and closed cells. Вид остеклованного закрытопористого вспученного перлита шаровидной формы.

	Закрытопористый шаровидный вспученный перлит	
3-9-3	膨胀珍珠岩制品 **Expanded perlite products** **Изделия из вспученного перлита**	以膨胀珍珠岩为集料，加入适量的胶粘剂，如水泥、水玻璃、沥青、石膏、树脂、磷酸盐等，经过搅拌、压制成型、干燥等工艺过程而成的具有一定形状的制品。一般结合胶粘材料命名，如水泥珍珠岩制品、水玻璃珍珠岩制品等。 Expanded perlite products are the products with a certain shape made through stirring, pressing, forming, drying and other processes. They are made with expanded perlite as aggregate and with appropriate number of adhesives added (such as cement, water glass, asphalt, gypsum, resin, phosphate, etc.) They are generally named in combination with adhesive materials, such as cement perlite products, water glass perlite products, etc. Вспученный перлит используется в качестве заполнителя с добавлением соответствующего количества вяжущего, такого как цемент, жидкое стекло, асфальт, гипс, смола, фосфорнокислая соль и т.д. с созданием продукта определенной формы после смешивания, прессования и сушки. Обычно получает название по используемому вяжущему, например, перлито-цементные изделия, изделия из жидкого стекла и перлита и т. д.
3-9-4	膨胀蛭石 **Exfoliated vermiculite or expanded vermiculite** **Вспученный вермикулит**	以蛭石为原料，经破碎、烘干，在一定的温度下焙烧膨胀、快速冷却而成的松散颗粒。 Exfoliated vermiculite is loose granule made from vermiculite by crushing, drying, roasting at a certain temperature, expanding, and rapidly cooling. Рассыпчатый гранулят из вермикулита в качестве сырья основы, прошедший дробление, горячую

		сушку, вспучивающий обжиг при определённой температуре и быстрое охлаждение.
3-9-5	膨胀蛭石制品 **Exfoliated vermiculite products or expanded vermiculite products** **Изделия из вспученного вермикулита**	以膨胀蛭石为原料,加入适量胶粘剂,经搅拌、成型、干燥或养护而成的制品。 Exfoliated vermiculite products are made with expanding vermiculite as the raw material after the addition of an appropriate amount of adhesive by stirring, forming, drying or curing. Изделия из вспученного вермикулита в качестве сырья с добавлением вяжущего, перемешиванием, формовкой, сушкой или тепловлажностной обработкой.
3-9-6	岩棉 **Rock wool or stone wool** **Минеральная вата**	将天然火成岩石(如玄武岩、辉绿岩、安山岩等)经高温熔融、用离心力、高压载能气体喷吹而制成的矿物棉。 Rock wool is a kind of mineral wool made from natural igneous rocks, such as basalt, diabase, andesite, etc. which are melted at a high temperature and sprayed by centrifugal force and high-pressure carrier gas. Минеральная вата производится путем высокотемпературной плавки природных магматических горных пород (таких как базальт, диабаз, андезит и т. д.), их продувки под действием центробежной силы с газом-носителем под высоким давлением.
3-9-7	矿渣棉 **Slag wool** **Шлаковая вата**	由矿渣如高炉矿渣、锰矿渣、磷矿渣、粉煤灰等工业废渣,经高温熔融、用离心力、高压载能气体喷吹而制成的矿物棉。 Slag wool is a kind of mineral wool made of slag, such as blast furnace slag, manganese ore slag, phosphate slag, fly ash, and other industrial waste slag. They are melted at a high temperature and sprayed by centrifugal force and high-pressure carrier gas.

		Минеральная вата, которую производят из рудных шлаков (доменный, марганцевый, фосфорный шлак, пылеугольная зола и др. промышленные шлаки), производится путем высокотемпературной плавки и продувки под действием центробежной силы с газом-носителем под высоким давлением.
3-9-8	岩棉及矿渣棉制品 **Rock wool and slag cotton products** **Изделия из минваты и шлаковаты**	岩棉或矿渣棉中加入适量热固型树脂胶粘剂，经压形、加热聚合或干燥制成的板、带、毡等。 Rock wool and slag wool products are the plates, belts, felt, etc. made through pressing, heating polymerization, or drying of rock wool or slag wool added with appropriate amount of thermosetting resin adhesives. Минеральная или шлаковая вата, к которой добавлено соответствующее количество термоусадочного смолистого вяжущего, прошедшая формовку прессованием, термическую полимеризацию с получением плит, лент, войлока и др.
3-9-9	玻璃棉 **Glass wool** **Стекловата**	用天然矿石如石英砂、白云石、蜡石等，配以化工原料如纯碱、硼酸等熔制玻璃，在熔融状态下借助外力拉制、吹制或甩成的极细的纤维状材料，按其化学成分可分为无碱、中碱和高碱三种。 Glass wool is a kind of fibrous material made when natural ores (such as quartz sand, dolomite, wax stone, etc.) and chemical raw materials such as soda ash, boric acid, and other molten glass are drawn, blown, or smashed in the molten state. According to its chemical composition, it can be divided into three types: alkali free, medium alkali, and high alkali. Материал тонковолокнистой структуры из природных минералов, таких как кварцевый песок, доломит, стеатит и др., с добавлением сырья для химической

		промышленности, таким как кальцинированная сода, борная кислота и др. Создаётся стекольный расплав, который вытягивается под действием внешней силы, выдувается или формуется выбросом. По химическому составу бывает трёх типов: безщелочная, среднещелочная и сильнощелочная.
3-9-10	玻璃棉制品 **Glass wool products** **Изделия из стекловаты**	以玻璃棉纤维为基材而制成的板、带、毡、管等制品的总称。 Glass wool products are generally products such as plates, tapes, felts, tubes, etc., made of glass wool fibers. Общий термин для пластин, лент, войлока, трубок и других изделий из стекловолокна.
3-9-11	聚苯乙烯泡沫塑料 **Expanded polystyrene or EPS** **Пенополистирол**	聚苯乙烯树脂在加工成型时用化学或机械方法使其内部产生微孔制得的硬质、半硬质或软质制品。 Expanded polystyrene is a rigid, semi-rigid, or soft product made of polystyrene resin by chemical or mechanical method to produce micropore in its interior during processing and moulding. Полистирольная смола, которая в процессе обработки химическими или механическими методами формирует твердый, полужесткий или мягкий микропористый продукт.
3-9-12	聚氨酯泡沫塑料 **Expanded polyurethane** **Пенополиуретан**	聚氨基甲酸酯树脂在加工成型时用化学或机械方法使其内部产生微孔制得的硬质、半硬质或软质制品。 Expanded polyurethane is a rigid, semi-rigid, or soft product made of polyurethane resin by chemical or mechanical method to produce micropore in its interior during processing and moulding. Полиуретановая смола, которая в процессе обработки химическими или механическими методами формирует

		твердый, полужесткий или мягкий микропористый продукт.
3-9-13	酚醛泡沫塑料 **Phenolic foamed plastics** Пенофенопласт	酚醛树脂在一定的温度与发泡剂的作用下产生泡沫状结构,并在固化剂的作用下交联固化而成的一种硬质热固性泡沫块,依据设计的型状与规格尺寸加工成制品。 Phenolic foamed plastics are the rigid thermosetting foam block formed by crosslinking and curing of phenolic resin under certain temperature and foaming agent and solidified under the action of a curing agent. Phenolic foamed plastics are processed into products according to the shape and size of the design. Фенольная смола образует пенообразную структуру под действием определенной температуры и пенообразователя, отверждается под действием отвердителя с образованием поперечной (межмолекулярной) связи, образуя жесткий термореактивный пеноблок, который обрабатывается в изделия в соответствии с заданной формой и спецификациями.
3-9-14	泡沫玻璃 **Foamed glass or cellular glass** Пеностекло	用磨细玻璃粉为主要原料,通过添加发泡剂,经熔融发泡、退火冷却加工处理而制成的一种具有均匀的独立密闭气隙结构的无机硬质绝热材料。 Foamed glass is a kind of inorganic rigid insulation material with uniform and independent airgap structure. With ground glass powder as the raw material, it is made by adding foaming agent, melting, foaming, annealing, cooling, and other processes. Неорганический твердый теплоизоляционный материал с однородной изолированной герметичной структурой (воздушного затвора), полученный из тонкоистёртого стекольного порошка с добавлением пенообразователя, с формированием пены в расплаве и

		прошедший дополнительную обработку в виде отжигового охлаждения.
3-9-15	硅酸钙绝热制品 **Calcium silicate thermal-insulation products** **Теплоизоляционные изделия из силиката кальция**	以氧化硅（硅藻土、膨润土、石英砂粉等）、氧化钙（消石灰、电石渣等）和增强材料（石棉、玻璃纤维、纸纤维等）为主要原料，经过搅拌、加热、胶凝、成型、蒸压硬化、干燥等工序而制成的一种绝热材料。 Calcium silicate thermal-insulation products are made through stirring, heating, cementing, forming, autoclaving, hardening, drying and other processes, with silica (diatomite, bentonite, quartz sand powder, etc.), calcium oxide (lime, carbide slag, etc.) and reinforced materials (asbestos, glass fiber, paper fiber, etc.) as the main raw materials. Теплоизоляционный материал из оксида кремния (диатомит, бентонит, мелкий кварцевый песок и др.), оксида кальция (гашеная известь, карбидный шлак и др.) и армирующих материалов (асбест, стекловолокно, бумажное волокно и др.) в качестве основного сырья, полученный путем перемешивания, нагревания, гелеобразования, формования, автоклавного отверждения, сушки и других процессов.
3-9-16	废纸纤维绝热材料/纤维素纤维绝热材料 **Recycled paper fiber insulation material/cellulose insulation material** **Целлюлозный утеплитель (эковата)**	以旧报纸、废纸板等含有木质纤维的废纸为主要原料，通过研磨使之成为直径细小的纤维，再经硼酸与硼砂的防火、防霉处理而制成的一种绝热材料。 Recycled paper fiber insulation material is a kind of insulation material. It is made with waste paper containing wood fibers as the main raw material (such as old newspapers and waste paperboard) which is grinded into fine diameter fibers and processed through fireproof and mildew-proof treatment with boric acid and borax. Теплоизоляционный материал, основным компонентом

		которого выступает содержащее древесные волокна бумажное вторсырьё. В процессе производства измельчается в тонкое волокно, затем проходит противопожарную и противоплесневую обработку борной кислотой и бурой.
3-9-17	金属绝热材料 **Metal thermal insulation materials** **Металлические теплоизоляционные материалы**	利用金属的反射而使外来热（辐射热）传给空间从而起到隔热作用的材料。 Metal thermal insulation materials function by making use of metal reflection to transfer external heat (radiation heat) to the space for thermal insulation. Используют свойство металлов отражать внешнее тепло (тепловое излучение) и перенаправлять его в пространство, таким образом выполняя теплоизоляц ионную функцию.

大类别 Category Основная категория	术语 Term Термин	注释 Explanatory Note Толкование
4	主要生产工艺 **Main Production Process** **Основные производственные процессы**	
4-1	**风化过程** **Weathering** **выветривание**	使原料土、岩石等暴露在自然条件下经风霜雪雨、日光、寒暑的作用，反复吸水、脱水、冻融产生一系列物理和化学变化的过程。 Weathering is a process of a series of physical and chemical changes in which the raw materials exposed to natural conditions such as soil and rocks repeatedly absorb water, dehydrate, freeze and thaw under the effects of wind, frost, snow, rain, sunlight, cold and heat. Сырьё (почва, порода и т.д.) под открытым небом под влиянием естественных факторов подвергается воздействию ветра, инея, снега, дождя, солнечного света, холода и жары, в результате повторяющихся процессов водопоглощения, обезвоживания, замерзания и оттаивания происходит ряд физических и химических изменений.
4-2	**搅拌** **Mixing or Stirring** **перемешивание**	采用人力或机械力，将几种原料混合均匀的过程。 Mixing is the process of combining several raw materials evenly by using human or mechanical force. Процесс равномерного смешивания нескольких видов сырья с использованием человеческой или механической силы.

4-3	泥料真空处理 De-airing clay деаэрация глины	在真空中排除泥料内部空气的过程，可改善泥料性能，提高坯体密实度和成品强度。 De-airing is a process of removing the air inside the clay in vacuum, which can improve the performance of the clay and increase the compactness of semi-finished products and the strength of finished products. Процесс удаления воздуха из глины в вакууме может улучшить её характеристики, повысить плотность заготовок и прочность готового продукта.
4-4	泥料加热处理 Steam-heating of clay Термическая обработка глины	砖坯成型前喷射蒸汽，提高泥料温度的过程。 Steam-heating of clay is a process of spraying steam before the brick is formed to increase the temperature of the clay. Обработка паром заготовок кирпича перед формовкой, сопровождающаяся повышением температуры глины.
4-5	成型 Moulding формование	采用机械力、振动（振捣）力或自重将混合料制成一定形状坯体的过程。 Moulding is the process of using mechanical force, vibration force, or self-weight to make the mixture into a certain shaped semi-finished product. Процесс придания заготовке определённой формы с использованием механической силы, вибрации или под собственным весом. Traditional fired clay brick manufacturing process Clay extraction → Transport → Mixing → Molding → Drying → Firing
4-5-1	挤出成型 Extrusion экструзионное формование	将泥料或混凝土混合料通过真空挤压机或挤压机连续挤出成型，再切割成坯体或制品的成型方法。 Extrusion is a moulding method by continuously extruding (or forcing) the slurry or concrete mixture through an extruder or vacuum extruder and then cutting into a

		product or semi-finished product. Метод формования, при котором глиняный материал или бетонная смесь непрерывно экструдируются через экструдер (или вакуумный экструдер), а затем разрезаются с получением заготовки или готового продукта.
4-5-2	**压制成型/热压成型** **Pressed moulding or heating-pressed moulding** **формование под давлением / формование методом горячего прессования**	经搅拌处理的泥料或混合料在模具内被加压（或加热后加压）而成型的成型方法。 Pressed moulding is a moulding method by forcing mixed slurry or mixture under high pressure (or mixture pressurized after heating) into a mould. Метод формования, при котором перемешанная глиняная масса или смесь подвергается повышенному давлению в форме (или сначала нагревается, а затем подвергается давлению).
4-5-3	**振动（振捣）成型** **Vibro-casting** **вибрационное формование**	采用振动设备使混合料密实的成型方法。 Vibro-casting is a moulding method of compacting the mixture by vibration equipment. Метод формования с использованием вибрационного оборудования для уплотнения смеси.
4-5-4	**浇注成型** **Casting** **заливочное формование**	将料浆浇注于模具内，借助自重或发气使其充满模具而密实的成型方法。 Casting is a moulding method in which a slurry is poured into a mould and filled with the mould by self-weight or gas. Метод формования, при котором раствор заливается в форму и заполняет её, уплотняясь под действием газа или собственного веса.

4-5-5	**轧压成型/碾压成型** **Rolled moulding** **профилегибочное формование**	用轧辊碾压使混合料密实成形的成型方法。 Rolled moulding is a moulding method of compacting the mixture by rollers. Метод формования, при котором смесь уплотняется и формуется прокаткой на валке.
4-5-6	**抄取成型** **Hatschek process moulding** **процесс Хатшека (мокрый метод)**	是用湿法工艺制造纤维水泥制品的一种方法。由料浆过滤、料层传递、成型加压、真空脱水等系统组成。 Hatschek process moulding is a method of making fiber cement products by the wet process, consisting of slurry filtration, layer transfer, compression molding, vacuum dewatering, and other systems. Это способ производства фиброцементных изделий мокрым методом. Он состоит из фильтрации раствора, нанесения слоя материала, формовки под давлением, вакуумной дегидратации и других системных компонентов.
4-5-7	**流浆成型/长网吸滤成型** **Flow-on process moulding/vacuum filtration on conveyor felt process moulding** **Метод формовки «Flow on»**	利用流浆机与真空脱水装置制造纤维水泥和纤维石膏制品的一种方法。 Flow-on process moulding is a method of making fiber cement and fiber gypsum products by using a pulper and vacuum dewatering equipment. Способ производства изделий из фиброцемента или фиброгипса с использованием шламовой машины и устройства вакуумной дегидратации.
4-5-8	**喷射成型** **Spraying process moulding** **спрейное формование (пневмонабрызг)**	通过纤维切短喷射器和水泥浆喷射器，分别喷出纤维和水泥浆，汇合一起喷射在金属模型上成型，是制造纤维水泥制品的一种方法。 Spraying process moulding is a method of making fiber cement products by spraying fiber and cement slurry together on metal models through a fiber cutting sprayer and a cement slurry sprayer.

		Один из способов производства изделий из фиброцемента, когда резаное волокно и цементный раствор разбрызгиваются из отдельных устройств, смешиваясь и проходя формовку на поверхности металлической формы.
4-5-9	**喷吸成型** **Spray-suction process moulding** **формование распылением и всасыванием**	利用喷射与真空抽吸脱水装置制造纤维水泥制品的一种方法。 Spray-suction process moulding is a method of making fiber cement products by using spray and vacuum suction dewatering equipment. Способ производства фиброцементных изделий с помощью оборудования для распыления и вакуумного обезвоживания всасыванием.
4-5-10	**抹浆成型** **Lay-up process moulding** **формование нанесением раствора**	将连续的纤维纱、纤维毡片或网片和水泥砂浆，分别铺放在模型内制造纤维水泥制品的一种方法。 Lay-up process moulding is a method of making fiber cement products by separately placing continuous fiber yarn, fiber mat or mesh, and cement mortar into a mould. Способ производства фиброцементных изделий путем непрерывной укладки в формы волоконной пряжи, войлока или сетки вместе с песчано-цементным раствором.
4-6	**干燥** **Drying** **сушка**	以大气为介质或在干燥设备中利用各种热源和强制通风来排除坯体中水分的工艺过程。 Drying is the process of removing the moisture from the semi-finished products by using the atmosphere as a medium or using various heat sources and applying forced ventilation in drying equipment. Технологический процесс удаления влаги из заготовки с помощью атмосферных процессов или в сушильном оборудовании с использованием источников тепла и принудительной вентиляции.

4-6-1	**自然干燥** **Natural drying** **естественная сушка**	以大气为干燥介质来排除坯体中水分的干燥过程。 Natural drying is the drying process of removing the moisture from the semi-finished products by using the atmosphere as a drying medium. Технологический процесс удаления влаги из заготовки с помощью атмосферных процессов
4-6-2	**人工干燥** **Artificial drying** **искусственная сушка**	在干燥设备中利用各种热源和强制通风来排除坯体中水分的干燥过程。 Artificial drying is the drying process of removing the moisture from the semi-finished products by using various heat sources and forced ventilation in the drying equipment. Технологический процесс удаления влаги из заготовки в сушильном оборудовании с использованием источников тепла и принудительной вентиляции.
4-7	**预养** **Precuring** **преотверждение**	成型后的坯体或制品养护前在适当的温度和湿度环境中停放一段时间的工艺措施。 Precuring is a process measure to place the formed products or semi-finished products in an appropriate temperature and humidity environment for a period of time prior to curing. Технологическое действие, при котором заготовка или готовое изделие после формовки некоторое время выдерживается при определённых условиях температуры и влажности.
4-8	**养护** **Curing** **тепловлажностная обработка**	为成型后的坯体或制品创造适当的温度和湿度条件以利其水化硬化的工艺措施。 Curing is a process measure to create appropriate temperature and humidity conditions for the hydration and hardening of the formed products or semi-finished products.

		Технологические меры по созданию соответствующих температурных и влажностных условий для заготовки или готового продукта после формовки для их гидратации и затвердевания.
4-8-1	**自然养护** **Natural curing** **естественная** **тепловлажностная** **обработка**	自然条件下,在空气或水中,对坯体或制品进行养护的方法。简称自养。 Natural curing is a method of curing the products or semi-finished products in air or water under natural conditions. "Natural curing" is an abbreviation. Метод при котором отверждение заготовки или изделия происходит в естественных условиях в воздушной или водной среде.
4-8-1-1	**空气中养护** **Air-curing** **тепловлажностная** **обработка на воздухе**	将坯体或制品置于空气中,利用自然气温和湿度对其进行水热处理的养护方法。 Air-curing is a curing method of using hydro-thermal treatment with natural temperature and humidity by placing the products or semi-finished products in the air. Метод тепловлажностной обработки, при котором заготовка или изделие помещается на воздух и подвергается гидротермальной обработке с использованием естественной температуры и влажности.
4-8-1-2	**水中养护** **Water-curing** **тепловлажностная** **обработка в воде**	将坯体或制品置于水中进行养护的方法。 Water-curing is a curing method of placing the products or semi-finished products in water. Метод тепловлажностной обработки заготовки или изделия в воде.
4-8-2	**常压蒸汽养护** **Steam-curing** **пропаривание при**	采用常压蒸汽(绝对压力为 0.10MPa,温度不超过水的沸点),对成型后的坯体或制品进行水热处理的养护方法。简称蒸养。 Steam-curing is a curing method for hydro-thermal

	нормальном давлении	treatment of products or semi-finished products by using atmospheric steam (with absolute pressure of 0.10MPa and temperature not exceeding the boiling point of water). "Steam-curing" is an abbreviation. Способ отверждения сформованной заготовки или изделия при помощи атмосферного пара (абсолютное давление 0,10 МПа, температура не превышает точку кипения воды). Сокращенное название: пропаривание.
4-8-3	高压蒸汽养护 **Autoclaving** **отверждение автоклавированием**	采用高压蒸汽（绝对压力不低于 0.88MPa,温度 174℃ 以上），对成型后的坯体或制品进行水热处理的养护方法。简称蒸压。 Autoclaving is a curing method for hydro-thermal treatment of the products or semi-finished products by using high-temperature steam (with absolute pressure not less than 0.88MPa and temperature above 174 ℃). "Autoclaving" is an abbreviation. Способ отверждения сформованной заготовки или изделия при помощи пара высокого давления (абсолютное давление не менее 0,88 МПа, температура выше 174℃). Сокращенное название: автоклавирование.
4-8-4	电热养护 **Electro-heat curing** **электротермическая тепловлажностная обработка**	利用电流加热,对成型后的坯体或制品进行水热处理的养护方法。 Electro-heat curing is a curing method for hydro-thermal treatment of the semi-finished products or products by current heating. Это метод тепловлажностной обработки, при котором используется электрический ток для нагрева сформованной заготовки или изделия для проведения гидротермальной обработки.
4-9	装窑/码窑 **Kiln placing**	将砖坯按一定形式用人工或机械在空道内或窑车上码成坯垛的过程。

	паллетированние заготовок (в обжиговой печи)	Kiln placing is a process of stacking the bricks in a certain form manually or mechanically in the empty tunnel or on the kiln car. Процесс паллетирования заготовок кирпичей особым образом вручную или механически в пустой туннель или на кильновую тележку.
4-10	**焙烧** **Firing** обжиг	利用可燃物质（包括原料中的或外掺入的）燃烧所发出的热量，对坯体进行烧结的工艺过程。 Firing is the process of sintering the semi-finished products by using the heat emitted by the combustible materials (from the raw materials or the materials added). Технологический процесс спекания заготовок под действием выделяемой горючими материалами (содержащимися в заготовке или добавленными извне) тепловой энергии.

大类别 Category Основная категория	术语 Term Термин	注释 Explanatory Note Толкование
5	**主要工艺设备** **Major Process Equipment** **Основное технологическое оборудование**	
5-1	**搅拌设备** **Mixing equipment** **Смесительное оборудование**	将几种原料搅拌均匀的设备。 Mixing equipment is equipment that stirs several raw materials evenly. Технологическое оборудование, предназначенное для приготовления однородных смесей из нескольких компонентов исходного сырья.
5-1-1	**单轴搅拌机** **Single-shaft mixer** **Одновальный смеситель**	机槽内装有一根按螺旋线安设搅拌桨叶的轴的连续式搅拌设备。 Single-shaft mixer is continuous mixing equipment with a shaft of the stirring blade arranged according to the spiral line in the tank. Смеситель непрерывного действия, в резервуаре которого установлен вал с перемешивающими лопастями, расположенными по спирали.
5-1-2	**双轴搅拌机** **Double-shaft mixer** **Двухвальный смеситель**	机槽内装有两根做相对转动的按螺旋线安设搅拌桨叶的轴的连续式搅拌设备。 Double-shaft mixer is continuous mixing equipment with two relatively rotating shafts of the stirring blades according to the spiral line in the tank. Смеситель непрерывного действия, в резервуаре

		которого установлены два вращающихся относительно друг друга вала с перемешивающими лопастями, расположенными по спирали.
5-1-3	**强制式混凝土搅拌机** **Forced concrete mixer** **Бетоносмеситель принудительного действия**	一种作用强烈的间歇式周期操作的混凝土搅拌设备。分为行星式和涡浆式两种。 Forced concrete mixer is a kind of concrete mixing equipment with the strong intermittent operation, divided into two types: planetary type and vortex type. *Бетоносмесительное оборудование мощного переодического действия. Различают два типа оборудования: планетарное и вихревое.*
5-1-4	**强制式砂浆搅拌机** **Forced mortar mixer** **Растворосмеситель принудительного действия**	一种作用强烈的间歇式周期操作的砂浆搅拌设备。 Forced mortar mixer is a kind of mortar mixing equipment with the strong intermittent operation. Растворосмесительное оборудование мощного переодического действия.
5-1-5	**加气混凝土搅拌机** **Aerated concrete mixer** **Газобетоносмеситель**	由立式圆筒形罐体和搅拌器组成的料浆搅拌和浇注设备。 Aerated concrete mixer is slurry mixing and pouring equipment composed of a vertical cylindrical tank and an agitator. Оборудование для смешивания и заливки раствора, состоящее из вертикального цилиндрического резервуара и мешалки. 按搅拌器形式分为旋桨式、桨式、涡轮式、锚式和框式以及螺旋式搅拌器五种。 According to the type of agitator, it is divided into five types: propeller type, paddle type, turbine type, anchor type, frame type, and screw type. В зависимости от формы мешалки, оборудование

| | | можно разделить на пять типов: пропеллерное, лопастное, турбинное, якорное и рамное, а также шнековое.

按浇注方式分为固定式和移动式两种。

According to the method of pouring, there are two types: fixed type and mobile type.

По способу заливки различают два типа смесителей: стационарный и мобильный. |
|---|---|---|
| 5-1-6 | **轮碾机**

Edge runner

Катковый (бегунковый) смеситель | 将原料进行破碎、搅拌、压实和湿碾活化的设备。

Edge runner is equipment for crushing, stirring, compacting, and wet grinding activation of raw materials.

Оборудование для дробления, перемешивания, уплотнения, мокрого измельчения и активации сырья. |
| 5-1-6-1 | **间歇式轮碾机**

Batch edge runner

Катковый (бегунковый) смеситель периодического действия | 碾盘主动、碾轮从动并离碾盘一定距离的一种间歇操作的轮碾机。

Batch edge runner is a kind of wheel mill with intermittent operation driven by grinding base and grinding wheel which has a certain distance from the base.

Смеситель периодического действия, который имеет вращающееся основание и катки, установленные на определенном расстоянии от основания. |
| 5-1-6-2 | **连续式轮碾机**

Continuous edge runner

Катковый (бегунковый) смеситель непрерывного действия | 碾盘固定、碾轮压在碾盘上并绕中心轴旋转的一种连续操作的轮碾机。

Continuous edge runner is a kind of wheel mill with continuous operation in which the grinding base is fixed and the wheels move on the grinding base rotating around the central axis.

Смеситель непрерывного действия, который имеет неподвижную чашу и соприкасающиеся с основанием |

		чаши катки, вращающиеся вокруг центрального приводного вала.
5-2	**成型设备** **Moulding equipment** **Формовочное оборудование**	使混合料（或坯体）成型的设备总称。 Moulding equipment is a general term for equipment that shapes a mixture (or the semi-finished products). Общий термин для оборудования, используемого для формовки изделия из смеси (или заготовок).
5-2-1	**挤出机/螺旋挤出机** **Extruder / screw extruder** **Экструдер/Шнековый й экструдер**	连续挤出泥条的塑性成型设备。 Extruder is plastic forming equipment for continuously extruding clay strips. Формовочное оборудование для непрерывной пластичной экструзии.
5-2-2	**双级真空挤出机** **Two-stage de-airing extruder** **Двухшнековый вакуумный экструдер**	带双轴搅拌机和真空室的连续挤出泥条的塑性成型设备。 Two-stage de-airing extruder is plastic forming equipment with double shaft mixer and vacuum chamber for continuous extruding clay strips. Формовочное оборудование для непрерывной экструзии, оснащенное двухшнековым смесителем и вакуумной камерой.
5-2-3	**压砖机** **Brick press** **Пресс для изготовления кирпича**	用半干法压制砖坯的成型设备。按结构形式分为板锤成型机、盘转式压砖机、高压杠杆式压砖机、液压传动压砖机四种。 Brick press is moulding equipment for pressing semi-finished bricks with the semi-dry method. According to the structure form, it is divided into four types: plate hammer forming machine, rotary type brick press, high pressure lever type brick press machine, and hydraulic drive brick press. Формовочное оборудование для изготовления кирпича

		методом полусухого прессования. По конструкции различают четыре типа оборудования: Молотковый пресс, ротационный пресс, рычажный кирпичный пресс высокого давления, гидравлический пресс.
5-2-4	**小型砌块成型机** **Small block manufacturing machine** **Формовочное оборудование** для изготовления малых бетонных блоков	生产混凝土小型砌块的各种型式成型设备。 按型式分为移动式、固定式、叠层式和分层布料式四种。 按振动方式又分为台振和模振两种。 Small block manufacturing machines are various types of molding equipment for producing small concrete blocks. Разнообразное оборудование для формования малых бетонных блоков. According to the type, it is divided into four types: mobile type, fixed type, laminated type, and layered type. Различают четыре типа оборудования: мобильное, стационарное, аккумуляционное и послойное. According to the mode of vibration, it is divided into two types: platform vibration and mode vibration. По режиму вибрации различают два типа оборудования: с вибрационным столом и с вибрационной пресс-формой.
5-2-5	**振动设备** **Vibrating equipment** **Вибрационное оборудование**	用振动的方法使混合料成型的成型设备。 Vibrating equipment is moulding equipment for forming a mixture by means of vibration. Оборудование для вибрационного формования смеси.

5-2-5-1	**附着式振动器** **Form vibrator** **Площадочный (поверхностный) вибратор**	在混合料表面进行振捣的振动设备。 Form vibrator is vibrating equipment that vibrates on the surface of a mixture. Вибрационное оборудование, производящее вибрирование на поверхности смеси.
5-2-5-2	**插入式振动器** **Poker vibrator** **Глубинный вибратор**	插入混合料内部进行振捣的振动设备。 Poker vibrator is vibrating equipment inserted into a mixture for vibration. Вибрационное оборудование, погружаемое в бетонную смесь для создания вибрации.
5-2-5-3	**振动台** **Vibro-bench** **Вибростол**	可将带模的混合料放在台上进行振捣的振动设备。 Vibro-bench is equipment for vibrating the mixed material with a mold on a table. Вибрирующая площадка, на которую помещается форма со смесью для вибрационной формовки.
5-2-6	**抄取法制板机** **Hatschek sheet machine** **Машина Хатшека**	抄取法生产石棉水泥板的主机。 Hatschek sheet machine is the main machine for producing the asbestos cement board by Hatschek process. Основное оборудование для производства асбестоцементных листов с использованием процесса Хатшека (Hatschek Process).
5-2-7	**流浆法制板机** **Flow-on sheet machine** **Оборудование для производства фиброцементных плит по технологии «проточной суспензии»**	流浆法生产纤维水泥板的主机。 Flow-on sheet machine is the main machine for producing the fiber cement board by flow slurry method. Основное оборудование для производства фиброцементных плит с использованием технологии «проточной суспензии» (Flow-on Process)

5-2-8	**空心墙板挤压成型机** **Hollow panel extruder** **Пресс-экструдер для производства пустотных стеновых панелей**	利用螺旋绞刀对混合料的挤压和附着式振动器的振动作用，使混合料密实成型生产空心墙板的一种设备。 Hollow panel extruder is a kind of equipment that uses the spiral reamer to compact the mixture and the vibrating action of form vibrator to make the mixture compact and form the hollow wallboard. Устройство для изготовления пустотных стеновых панелей, в котором с целью уплотнения смеси и формовки изделий используются шнек для выдавливания смеси, а также поверхностный вибратор для создания вибраций.
5-2-9	**真空挤出成型机** **Vacuum extruder** **Вакуумный экструдер**	利用低水灰比的塑性纤维水泥混合料生产纤维水泥板的一种成型设备。混合料在成型设备内，经真空排气、并在螺杆的高挤压力和高剪切力作用下由模口挤出，制成多种断面形状的板材。 Vacuum extruder is moulding equipment for producing fiber cement board by using plastic fiber cement mixture with low water cement ratio. Through the vacuum exhausted, the mixture in the moulding equipment is extruded under the action of high extrusion force and high shear force to form boards of various cross-sectional shapes. Формовочное оборудование для изготовления фиброцементных плит из пластичной фиброцементной смеси с низким водоцементным соотношением. Формовочная смесь в устройстве обрабатывается методом вакуумной формовки, экструдируется под мощным прессующим и режущим воздействием шнека, продавливается через формующее отверстие, и получаются панели различных профилей.
5-2-10	**成组立模**	成组竖向生产板材构件的一种设备。由悬挂式或下行

	Group standing mould Кассетная формовочная установка	式立模和装拆机构组成。 Group standing mould is a kind of equipment for vertically producing board components in groups. It is composed of suspension type or descending moulding as well as assembling and disassembling mechanism. Устройство для массового изготовления панелей в вертикальном положении, состоящее из набора вертикальных форм, подвесных или напольных, а также распалубочного механизма.
5-2-11	压机 Press Пресс	以半干法生产板材的设备总称。 按型式分为普通压机（生产水泥或石膏刨花板）、热压机（生产木质板）、连续压机（生产纤维石膏板）三种。 Press is a general term for producing boards with the semi-dry method. Accordingly, it is divided into three types: ordinary press (production of cement or gypsum particle board), hot press (production of wood board) and continuous press (production of fiber gypsum board). Общий термин для оборудования, производящего панели полусухим способом. Различают три типа оборудования: обычный пресс (для производства цементно-стружечных или гипсокартонных плит), горячий пресс (для производства древесных плит), пресс непрерывного действия (для производства гипсофибровых листов).
5-3	切割设备 Cutter Режущее оборудование	生产过程中，切割坯体、板材的一种设备。 Cutter is equipment for cutting semi-finished products and boards during the production. Устройство для резки заготовок и плит (панелей) в процессе производства.

5-3-1	**切坯机** **Cutter** **Станок для резки заготовок**	将挤出机挤出的泥条用钢丝切割成砖坯的切割设备。 Cutter is cutting equipment for cutting extruded slurry into bricks with steel wires. Оборудование для резки глиняного бруса, подаваемого из-под экструдера на кирпич-сырец с помощью металлических струн.
5-3-1-1	**单弓切坯机** **Bow-type cutter** **Однострунный станок для резки заготовок**	用单弓每次切割一块砖坯的自动切割机。 Bow-type cutter is an automatic cutting machine for cutting a brick with a single bow at a time. Автоматический резак, производящий резку по одному кирпичу-сырцу с помощью одной струны.
5-3-1-2	**链式切坯机** **Chain-driven cutter** **Станок для резки заготовок с цепным приводом**	用链传动的钢丝每次切割一块砖坯的自动切割机。 Chain-driven cutter is an automatic cutter for cutting a brick with a chain-driven steel wire at a time. Автоматический резак, отрезающий по одному кирпичу-сырцу за раз с помощью металлической струны, приводимой в движение цепным приводом.
5-3-1-3	**推板式切坯机** **Side cutter** **Многострунный станок для боковой резки заготовок**	用侧向往复运动每次切割多块砖坯的间歇式切割设备。 Side cutter is intermittent cutting equipment for cutting multiple bricks with a lateral reciprocating motion at a time. Резательное оборудование периодического типа для отрезки большого количества заготовок кирпичей одновременно с помощью струн, производящих резку возвратно-поступательным движением с боковой стороны.
5-3-2	**加气混凝土切割机** **Cutter for aerated**	将加气混凝土坯体加工成一定尺寸的设备。 Cutter for aerated concrete is equipment for processing

	concrete Станок для резки газобетона	the aerated concrete brick into a certain size. Резательное оборудование, позволяющее отрезать газобетонные заготовки определенного размера.
5-3-3	板材切割机 **Cutter for wall panel** Станок для резки панелей	将板材在台座上切割成定长的设备。 Cutter for wall panel is equipment for cutting plates on a pedestal to a fixed length. It cuts the board into a fixed length on the pedestal. A table saw fitted with a fine-tooth wood blade is a good choice for making lengthwise cuts, called "ripping", in wall paneling. The table saw features a platform to steady the panels as you cut and a "rip fence" that adjusts and acts as a cutting guide. Оборудование для резки панелей на отрезки определенной длины на рабочем столе.
5-4	隧道干燥室 **Tunnel dryer** Туннельная сушилка	隧道式连续干燥设备，一般由若干条隧道并联组成，每条隧道内设有轨道，砖坯码在干燥车上，沿轨道进入室内干燥。 Tunnel dryer is tunnel-type continuous drying equipment generally composed of several tunnels in parallel. Each tunnel is equipped with a track, and the bricks stacked on the drying trolley enter the dryer for drying. Сушильное оборудование непрерывного действия, состоящее, как правило, из нескольких параллельных туннелей, каждый туннель оборудован рельсовым путём; кирпич-сырец укладывается на сушильные тележки и по рельсовым путям подаётся в туннельные камеры для сушки.
5-5	轮窑 **Annular kiln** or	焙烧砖的环连续式窑炉。 Annular kiln is a kiln for firing bricks.

	Hoffmann kiln **Кольцевая печь**	Промышленная печь непрерывного действия с кольцевым вращающимся подом, на котором происходит обжиг кирпича.
5-6	**隧道窑** **Tunnel kiln** **Туннельная печь**	焙烧砖的隧道式窑炉。 Tunnel kiln is for firing bricks. Промышленная печь для обжига кирпича, имеющая длинный горизонтальный рабочий канал-туннель.
5-7	**一次码烧隧道窑** **Tunnel kiln with dryer** **Обжиговая туннельная печь полного цикла**	带干燥段的隧道窑。将干燥室与焙烧室串联在一起，湿砖坯直接码在窑车上，依次通过干燥、预热，焙烧、冷却而烧成。 Tunnel kiln with dryer is a tunnel kiln with the drying section. The drying chamber and the firing chamber are connected in series, and the wet brick is directly coded on the kiln car, and sequentially processed by drying, preheating, firing, and cooling. Туннельная печь с сушильной секцией. В такой печи сушильная камера и камера обжига соединены последовательно. Влажные кирпичные заготовки укладываются на вагонетки, последовательно проходят процессы сушки, предварительного нагрева, обжига и охлаждения.
5-8	**养护设备** **Curing equipment** **Оборудование для тепловлажностной обработки**	对坯体或制品进行水热处理的设备。 Curing equipment is an equipment for hydrothermal treatment of the semi-finished product. Оборудование для тепловлажностной обработки заготовок или изделий.
5-8-1	**常压蒸汽养护设备** **Steam-curing equipment** **Оборудование для**	对坯体或制品进行常压蒸汽养护的养护设备。 Stream-curing equipment is a curing equipment for steam-cured of the semi-finished or finished product under atmospheric pressure.

	пропаривания при атмосферном давлении	Оборудование для пропаривания заготовок или изделий при атмосферном давлении.
5-8-1-1	养护室 Steam-curing chamber Камера для тепловлажностной обработки	对坯体或制品进行常压蒸汽养护的一种"室式"养护设施，分间歇式和连续式两种。 Steam-curing chamber is a curing facility for steam-cured of the semi-finished or finished product under atmospheric pressure. It is divided into intermittent type and continuous type. Устройство тепловлажностной обработки типа «Камера», применяемое для обработки заготовок или изделий водяным паром при атмосферном давлении. Различают два типа оборудования: периодического и непрерывного действия.
5-8-1-2	养护坑 Steam-curing pit Ямная камера для тепловлажностной обработки	对坯体或制品进行常压蒸汽养护的一种"坑式"养护设施。 Steam-curing pit is a kind of "pit-type" curing facility for steam-cured of semi-finished or finished product under atmospheric pressure. Устройство тепловлажностной обработки ямного типа, применяемое для обработки заготовок или изделий водяным паром при атмосферном давлении.
5-8-2	蒸压釜 Autoclave Автоклав	对坯体或制品进行高压蒸汽养护的养护设备。 Autoclave is curing equipment for autoclaving of semi-finished or finished product. Устройство тепловлажностной обработки закрытого типа, применяемое для обработки заготовок или изделий водяным паром при высоком давлении.
5-9	多斗挖掘机 Multi-bucket excavator	挖掘泥土、砂、石子等物料的设备。 Multi-bucket excavator is a piece of equipment for excavating materials such as soil, sand, and stones.

	Многоковшовый экскаватор	Землеройное оборудование для выемки таких материалов, как грунт, песок и камни.
5-10	风选锤式破碎机 Hammer crusher with air-classifier Молотковая дробилка с воздушной сепарацией	煤矸石和类似矿石的细碎设备，能合并完成粉碎、筛分、运输、提升、除尘等工序。 Hammer crusher with air-classifier is a piece of crushing equipment for the coal gangue and other similar materials. It can complete a series of processes, such as crushing, screening, transportation, lifting, and dust removal. Оборудование для дробления отходов угледобычи и подобных отходов горной промышленности, которое может выполнить ряд процессов, таких как дробление, сортировка, транспортировка, подъем и удаление пыли.
5-11	筛式圆盘喂料机 Circular screen feeder Дисковый питатель-грохот	物料的碾练、混合和均匀供料的设备，兼有中间储存作用。 Circular screen feeder is used for the grinding, mixing, continuous feeding, and storage of materials during the process. Установка для измельчения, смешивания, равномерной подачи и промежуточного хранения материалов во время технологического процесса.
5-12	码坯机 Setting machine Установка для укладки (садки) кирпичных заготовок	在窑车（或干燥车）上将砖坯按预定形式码成坯垛的专用设备。 Setting machine is a special equipment for stacking bricks in a predetermined form on a kiln car (or drying car). Оборудование для укладки кирпичных заготовок по заданной форме в печную вагонетку (или сушильную вагонетку).

5-13	GRC 喷射机 Spraying machine for GRC Распылительное устройство для производства стеклобетона GRC	生产 GRC 制品的一种设备。水泥料浆和玻璃纤维分别由挤压泵和空气压缩机输送至喷射机内,并由喷嘴混合喷出。 Spraying machine for GRC is equipment for producing GRC products. The cement slurry and the glass fiber are respectively delivered into the spraying machine by the extruder pump and the air compressor, and are mixed and sprayed by the nozzle. Распылительное устройство для производства бетонных изделий, армированных стекловолокном. Бетонная смесь и стекловолокно подаются в распылительное устройство бетонным насосом и воздушным компрессором соответственно, смешиваются и распыляются через сопло.
5-14	石膏料浆站 Plaster slurry mixing station Узел приготовления гипсовой смеси	由储料仓、计量、混合、输送等设备组成料浆站,为生产纸面石膏板制备和供应料浆。 Plaster slurry mixing station is composed of storage bins as well as metering, mixing, transportation and other equipment to prepare and supply slurry for the production of gypsum board. Компект оборудования приготовления и подачи сырьевой смеси для изготовления гипсокартонных плит, состоящий из бункера хранения, устройств дозирования, смешивания, транспортировки.
5-15	石膏板成型站 Plaster board forming station Узел формовки гипсокартонных плит	由护面纸的加工和储存、石膏板成型台座和成型机等设备组成的,接受护面纸和料浆,制成纸面石膏板的装备。 Plaster board forming station consists of equipment for processing and storage of carton board, plaster board moulding pedestal, and molding machine. It receives carton board and slurry to produce paper gypsum plaster board.

		Комплект оборудования, состоящий из устройств для изготовления и хранения защитных бумажных покрытий, формовочного стола и формовочного станка для гипсокартонных плит. Комплект оборудования принимает защитную бумагу и сырьевую смесь в процессе производства гипсокартонных плит с бумажным покрытием.
5-16	**水力松解机** **Hydraulic defibering machine** **Гидравлический дефибрер**	用来松散和分离纤维束，并制备纤维浆的设备。 Hydraulic defibering machine is used for loosing and separating fiber bundles and preparing fiber pulp. Гидравлическое дефибрирующее оборудование, применяемое для дефибрирования и отделения пучков волокон в процессе приготовления волокнистой смеси.
5-17	**泵式碎浆机** **Pump-pulper** **Насосный пульпер (гидроразбиватель)**	用来进一步松解纤维，并制备纤维水泥料浆的设备。 Pump-pulper is used for further defibering and preparing of fiber cement slurries. Гидроразбиватель, применяемый для дальнейшего измельчения и роспуска волокон с целью приготовления фиброцементного раствора.
5-18	**流浆箱** **Flow box** **Напорный ящик.**	流浆法生产纤维水泥制品的主要装置。 Flow box is the main equipment for the production of fiber cement products by the flow-on process. Оборудование для производства фиброцементных изделий методом проточной суспензии.
5-19	**成型筒** **Accumulator roll** **Формовочный цилиндр**	由筒体、扯坯装置、测厚装置等组成，是湿法工艺制板机的主要装置。 Accumulator roll is composed of the cylindrical shell, a blanking device, a thickness measuring device, etc., and is the main device of the wet process plate making

		machine.
		Основное устройство для производства фиброцементных панелей мокрым способом, состоящее из корпуса цилиндрической формы, устройства для съема заготовок с валка, толщиномера и др.
5-20	**网箱** **Vat** **Емкость с сетчатыми цилиндрами**	由圆网筒、搅拌器等组成，是抄取法成型设备的主要装置。 Vat is composed of a round cylinder, a stirrer, etc., and is the main device of the Hatscheck process molding equipment. Основное формовочное устройство для производства фиброцементных изделий по технологии Хатшека, состоящее из цилиндров с сетчатой структурой и мешалки.

大类别 Category Основная категория	术语 Term Термин	注释 Explanatory Note Толкование
6	**配套材料** **Kitting Materials** **Сопутствующие материалы**	
6-1	**灌孔混凝土** **Grout for concrete small hollow block** **Бетонная смесь для заливки пустот**	由水泥、集料、水以及根据需要掺入的掺合料和外加剂等组分，按一定的比例，采用机械搅拌，用于浇注混凝土小型空心砌块砌体芯柱或其他需要填实部位的混凝土。 Grout for concrete small hollow block is concrete made through mechanically mixing of cement, aggregate, water, admixture and additive in a certain proportion as required. It is used for casting the core pillar of the concrete small hollow block and other parts. Бетонная смесь, изготавливаемая путем механического смешивания цемента, заполнителей, воды, а также других необходимых добавок в определенных пропорциях, для наполнения пространств между вертикальной арматурой и стенками в кладке малогабаритных пустотелых бетонных блоков и других подобных структур.
6-2	**混凝土小型空心砌块砌筑砂浆** **Mortar for concrete small hollow block** **Кладочный раствор для укладки малогабаритных**	由胶结料、细集料、水以及根据需要掺入的掺合料和外加剂等组分，按一定的比例，采用机械搅拌后，用于砌筑混凝土小型空心砌块的砂浆。 Mortar for concrete small hollow block is made through mechanically mixing of the cementing materials, fine aggregate, water, admixture and additive in a certain proportion as required. It is used for the concrete small

	пустотелых блоков	hollow block. Кладочный раствор, изготавливаемый путём механического смешивания вяжущих веществ, мелких заполнителей, воды, а также других необходимых добавок в определенных пропорциях, используемый для укладки малогабаритных пустотелых бетонных блоков.
6-3	保温砂浆 **Thermal insulation mortar** **Теплоизоляционный кладочный раствор**	以水泥、石灰膏或石膏等为胶凝材料，以膨胀珍珠岩、膨胀蛭石等为轻质细集料，拌制成的砂浆。 Thermal insulation mortar is made through the mixing of the cementing material (including cement, lime paste and gypsum) and the light fine aggregates, such as expanded perlite and exfoliated vermiculite. Кладочный раствор, изготавливаемый путем смешивания вяжущих веществ, таких как цемент, известковая штукатурка или гипс и легких мелких заполнителей, таких как вспученный перлит, вспученный вермикулит и др.
6-4	防水砂浆 **Waterproof mortar** **Водонепроницаемый бетонный раствор**	掺加防水剂或防水粉的水泥浆或水泥砂浆。 Waterproof mortar is a cement slurry or cement mortar mixed with a waterproof agent or waterproof powder. Цементный или цементно-песчаный раствор, смешиваемый с водоизолирующей массой или сухой водостойкой смесью.
6-5	抹面砂浆/装饰砂浆 **Plastering mortar/decorative mortar** **Штукатурный раствор/ декоративный раствор**	用于室内外装饰，以增加建筑物美观的砂浆。包括水泥砂浆、粉刷石膏、水刷石、干粘石等。 Plastering mortar/decorative mortar is used for indoor and outdoor decoration to increase the aesthetics of the building. It includes cement mortar, whitewashing gypsum, granitic plaster, dry dash, etc. Бетонный декоративный раствор, используемый для внутренней и наружной отделки. К такому раствору

		относятся цементно-песчаный раствор, гипсовая штукатурка, гранитная штукатурка (терразит), галечная штукатурка и др.
6-6	**干拌砂浆** **Ready-mixed mortar** **Сухой бетон**	由水泥、钙质消石灰粉、砂、掺合料以及外加剂按一定比例干混合制成的混合物，使用时在施工现场加水拌和后即为砌筑砂浆。 Ready-mixed mortar is a mixture combined with cement, calcium hydrated lime powder, sand, and admixture in a certain proportion. It is used as a masonry mortar after mixing with water at the construction site. Сухая, сыпучая смесь из цемента, порошка кальциевой гашеной извести, песка, заполнителей и добавок, смешиваемых в опредленных пропорциях. Такая смесь используется в качестве кладочного раствора после смешивания с водой непосредственно перед применением на строительной площадке.
6-7	**龙骨** **Joist** **Балка**	拼装复合板、墙板等的骨架构件，常由薄壁型钢、木材、石膏等制作。 Joist is the frame structure of the composite panels and wall panels and is often assembled from thin-walled steel, wood, gypsum, etc. Каркасная конструкция для монтажа композитных панелей и стеновых панелей, изготавливаемая в основном из тонкостенной стали, дерева, гипса и т.п.
6-8	**接缝带** **Joint tape** **Армирующая лента**	由纸、金属、织物、玻纤网格或其他材料做成的带子，通常与胶结料一起增强相邻墙板间的接缝。 Joint tape is made of paper, metal, fabric, fiberglass mesh, or other material, usually with the binder to reinforce the seam between adjacent wall panels.

		Армирующая лента представляет собой сетку из бумаги, металла, ткани, стекловолокна или других материалов, используемую в основном вместе с вяжущими веществами для заделки межпанельных швов.
6-9	嵌缝腻子 **Embedding compound** **Шпаклевка для заделки швов**	专门配制和生产的膏剂,用于石膏板接缝中填埋增强接缝带。 Embedding compound is a kind of paste material specially formulated and produced for the filling of reinforced belt joints in gypsum board joints. Специально разработанная и произведённая пастообразная смесь для нанесения на армирующую ленту в местах стыков гипсокартонных панелей.
6-10	腻子 **Putty** **Шпаклевка**	嵌填墙面缺陷或缝隙,使墙面具有平整表面的膏状材料。 Putty is a kind of paste material used to fill a defect or crack to provide a flat surface. Пастообразная смесь, применяемая для заделки швов или трещин и выравнивания поверхностей стен.
6-11	增强金属网 **Joint reinforcing metal** **Металлическая арматурная сетка**	用金属丝编织或焊接成的网片,用于增强墙面的接缝、转角或其他区域。 Joint reinforcing metal is a mesh woven or welded with metal wire to reinforce seams, corners or other areas of the wall. Сварная или плетеная сетка, изготавливаемая из стальной проволоки и применяемая для усиления швов, углов или других участков стены.

6-12	**黏结石膏** **Bond plaster** **Штукатурно-клеевая смесь**	一种石膏胶结料，专门用于覆盖整浇混凝土的粗糙表面，作为后续石膏抹灰层的黏结层。 Bond plaster is a cementing material specifically designed to cover the rough surface of a cast-in-place concrete as a tie layer for a subsequent gypsum plaster layer. Вяжущее вещество на основе гипса, используемое для покрытия шероховатой поверхности монолитных бетонных конструкций в качестве вяжущего слоя для последующего нанесения гипсовой штукатурки.

大类别 Category Основная категория	术语 Term Термин	注释 Explanatory Note Толкование
7	相关术语 Other Terms Прочие термины	
7-1	外观 Shapes Внешняя форма	
7-1-1	长 Length Длина	直角六面体的砖和砌块一般设计使用状态下水平面的长边尺寸。板材的长边尺寸。 Length is the horizontal dimension of the stretcher face of right-angled hexahedral bricks and blocks. It is the dimension of the long side of the panel. Для прямоугольных шестигранных кирпичей и блоков обычно это длинная сторона горизонтальной рабочей плоскости (в обычном, предусмотренном для работы положении). Размер длинной стороны панели.
7-1-2	宽 Width Ширина	直角六面体的砖和砌块一般设计使用状态下水平面的短边尺寸。垂直于板材长边的板的尺寸。 Width is the horizontal dimension of the header face of right-angled hexahedral bricks and blocks in the state of general design and use. It is the dimension of the side vertical to the long side of the panel. Для прямоугольных шестигранных кирпичей и блоков обычно это короткая сторона горизонтальной рабочей плоскости (в обычном, предусмотренном

		для работы положении). Размер стороны, перпендикулярной длинной стороне панели.
7-1-3	高 **Height** Высота	直角六面体的砖和砌块一般设计使用状态下的竖向尺寸。 Height is the vertical dimension of right-angled hexahedral bricks and blocks in the state of general design and use. Для прямоугольных шестигранных кирпичей и блоков обычно это вертикальное измерение (в обычном, предусмотренном для работы положении).
7-1-4	厚 **Thickness** Толщина	板材正面与背面间的垂直距离。 Thickness is the vertical distance between the front and back of the panel. Толщина – это расстояние по вертикали между лицевой и тыльной сторонами панели.
7-1-5	外廓尺寸 **Overall dimension** Габаритные размеры	制品长、宽、高各个方向的最大尺寸。 Overall dimension is the maximum size of the product in all directions of length, width and height. Габаритные размеры – это наибольшие размеры изделия во всех направлениях – по длине, ширине и высоте.
7-1-6	大面 **Bedding face** Постельная сторона (постель)	砖的长度与宽度所形成的面。 Bedding face is the face formed by the length and width of the brick. Широкая плоскость кирпича, образованная длиной и шириной.
7-1-7	条面 **Side face** Ложковая сторона	垂直于砖大面的较长的面。 Side face is the longer face perpendicular to the bedding face of the brick.

		Удлиненная боковая сторона, расположенная перпендикулярно к постельной стороне.
7-1-8	**侧面** **Side face** **Боковая сторона**	砌块指形成墙面的面，墙板指竖向拼接面。 Side face is the face forming the wall for a block, and the vertical face for a wallboard. Для бетонных блоков под боковой стороной подразумевается грань, образующая плоскость стены , для стеновых панелей – вертикальная плоскость.
7-1-9	**顶面** **End face** **Тычковая сторона**	砖指垂直于大面的较短的面，墙板指垂直于正面的较短的面。 End face is a shorter face that is perpendicular to the bedding face of the brick, and a shorter face that is perpendicular to the front face of the wallboard. Для кирпича под тычковой стороной подразумеваются наименьшие по размерам грани, расположенные перпендикулярно к постельной стороне, для стеновых панелей – наименьшие по размерам грани, расположенные перпендикулярно к лицевой стороне.
7-1-10	**端面** **End face** **Торцевая сторона**	垂直于砌块侧面的竖向面。 End face is vertical to the side of the block. Вартикальные грани, расположенные перпендикулярно к боковой стороне бетонных блоков.
7-1-11	**铺浆面** **Top face** **Грань, на которую наносится раствор**	砌块承受垂直荷重且朝上的面，空心砌块指壁和肋较宽的面。 Top face is the face subjected to a vertical load and faces up for the block, and it is the wider face of the rib for the hollow block. Верхняя грань блоков, подвергающаяся вертикальной нагрузке, а для пустотелых блоков – это грань с более широкими поперечными сечениями межпустотных рёбер и наружных стенок.

7-1-12	**坐浆面** **Bedding face** **Нижняя грань, которой кирпич укладывается на разложенный раствор**	砌块承受垂直荷重且朝下的面,空心砌块指壁和肋较窄的面。 Bedding face is the face subjected to a vertical load and faces downward for a block. It is the narrower face of the rib for the hollow block. Нижняя грань блоков, подвергающаяся вертикальной нагрузке, а для пустотелых блоков – это грань с более узкими поперечными сечениями межпустотных рёбер и наружных стенок.
7-1-13	**切割面** **Cutting face** **Сечение среза**	砌块的坯体或成品再加工时切开所形成的面。 Cutting face is formed by cutting the semi-finished or finished product of the block during reprocessing. Грань, образуемая при разрезании полуфабриката бетонного блока или готового изделия в процессе дообработки.
7-1-14	**完整面** **Finished face** **Готовая грань**	砖或砌块外观质量符合要求的面。 Finished face is the face of the brick or block with the requirement of the appearance quality satisfied. Грань кирпича или блока, с внешним видом, удовлетворяющим требованиям.
7-1-15	**（纸面石膏板的）正面** **（Gypsum plaster board）face** **Лицевая сторона （гипсокартона）**	护面纸边部无搭接的板面。 （Gypsum plaster board）face is the part of the board with no overlapping plate on its edge. Сторона гипсокартона без нахлеста по краям защитной бумаги.
7-1-16	**（纸面石膏板的）背面** **（Gypsum plaster board）back** **Тыльная сторона （гипсокартона）**	护面纸边部有搭接的板面。 （Gypsum plaster board）back is the part of the board with overlapping plate on its edge. Сторона гипсокартона с нахлестом по краям защитной бумаги.

7-1-17	（纸面石膏板的）端头 （Gypsum plaster board）end Торцевая сторона（гипсокартона）	垂直棱边的切割边。 （Gypsum plaster board）end is the cutting edge of the vertical edge. Торец – это сторона среза, перпендикулярная боковому ребру.
7-1-18	外壁 Shell or face shell Наружные стенки	空心砖四周外层部分(shell) 空心砌块与墙面平行的外层部分(face shell) Shell is the outer part of the hollow brick. Face shell is the outer shell of the hollow block parallel to the wall. Наружная периферийная часть пустотелого кирпича. Наружная часть пустотелого блока, параллельная лицевой стороне стены.
7-1-19	肋 Rib Рёбра	空心砖、空心砌块或空心墙板孔与孔之间的间隔部分以及空心砌块外壁与外壁之间的连接部分。 Rib is a partition between the hole and the hole of the hollow brick, the hollow block or the hollow wall panel, and a connecting portion between shells of the hollow block. Перегородки между отверстиями (пустотами) пустотелого кирпича, пустотелого блока или пустотелой стеновой панели, а также соединительные части между наружными стенками пустотелого блока.
7-1-20	槽 Groove Пазы	砖或砌块上部、下部或端部的凹进部分，空心墙板侧面的凹进部分。 Groove is a recessed portion of the upper, lower, or end of a brick or block, it is a recessed portion on a side of the hollow wall panel. Утопленная (U-образная) часть в верхней, нижней или торцевой части кирпича или блока, утопленная

		(U-образная) часть на боковой грани пустотелой стеновой панели.
7-1-21	榫 Tongue Гребни	砖或砌块上部、下部或端部的凸出部分，空心墙板侧面的凸出部分。 Tongue is a raised portion of the upper, lower or end of the brick or block, it is a raised portion on the side of the hollow wall panel. Выпуклая (Т-образная) часть в верхней, нижней или торцевой части кирпича или блока, выпуклая (Т-образная) часть на боковой грани пустотелой стеновой панели.
7-1-22	凸缘 End flange Полка	砖或砌块端部构成槽的凸出边缘。 End flange is the end of the bricks or blocks forming the convex edge of the groove. Выпуклая часть на торцевой грани кирпича или блока, образующая пазы.
7-1-23	棱 Edge Ребро	砖或砌块外表面两个面的交接线。 Edge is the intersection of the two sides of the outer surface of the brick or block. Линия, где пересекаются две внешние грани кирпича или блока.
7-1-24	（纸面石膏板的）棱边 （Gypsum board）edge Ребро（гипсокартона）	有纸覆盖的纵向边。 Edge of gypsum board is the paper-covered longitudinal side. Продольная сторона гипсокартона, покрытая защитной бумагой.
7-1-25	孔 Hole or core Пустоты (полости)	砖或砌块或墙板内部用芯模制成的,贯通或不贯通的空间。 Hole or core is the through or not through space in which the interior of a brick or block or wallboard is

		made of mandrel. Пустое пространство внутри кирпича, блока или стеновой панели, сквозное, тупиковое или закрытое, формирующееся с помощью пустообразователя (сердечника).
7-1-25-1	**竖孔** **Vertical hole** **Пустоты вертикальные**	垂直于受压面的孔。 Vertical hole is a hole perpendicular to the pressure receiving surface. Полости, перпендикулярные к поверхности, на которую оказывается давление.
7-1-25-2	**水平孔** **Horizontal hole** **Пустоты горизонтальные**	平行于受压面的孔。 Horizontal hole is a hole parallel to the pressure receiving surface. Полости, параллельные поверхности, на которую оказывается давление.
7-1-25-3	**抓孔** **Scratch hole** **Отверстия для прихватки**	专为用手取砖而设的孔。 Scratch hole is a hole designed to scratch bricks by hand. Отверстия, предназначенные для вынимания кирпичей вручную.
7-1-25-4	**单排孔** **Single-row holes** **Однорядные пустоты**	砌块的宽度方向只有一排的孔。 A single-row of holes means there are only one row of holes in the width direction of the block. Отверстия, размещённые в один ряд по ширине блока.
7-1-25-5	**多排孔** **Multiple rows of holes** **Многорядные пустоты**	砌块的宽度方向有两排或两排以上的孔。有双排孔、三排孔、四排孔等之分。 Multiple rows of holes mean there are two or more rows of holes in the width direction of the block. There

		are two rows of holes, three rows of holes, four rows of holes and so on. Отверстия, размещённые в два и более ряда по ширине блока. Различают двухрядные, трехрядные и четырехрядные пустоты и т.д.
7-1-26	缺棱 **Chipping or hairline crack** Сколы краев	砖或砌块棱边缺损的现象。 Chipping or hairline crack is a brick or block edge defect. Повреждение или разрушение краев кирпича или блока.
7-1-27	掉角 **Arris defect or flaking** Сколы углов	砖或砌块的角破损、脱落的现象。 Arris defect or flaking is the broken or detached corner of brick or block. Повреждение или скол углов кирпича или блока.
7-1-28	疏松 **Slacking or spalling** Рыхлость	由于生产控制不当而造成的不密实、粉化现象。 Slacking or spalling is the uncompacted and pulverized phenomenon due to improper production control. Недостаточная плотность, разрушение массы, вызываемые технологическими нарушениями.
7-1-29	毛刺 **Burr or flashing on top surface** Драконов зуб (заусеницы)	砌块成型后留在表面凸出的连续或不连续的薄片。 Burr or flashing on top surface is a continuous or discontinuous sheet that remains on the surface after the block is formed. Сплошные или прерывистые тонкие пластинки, которые остаются на поверхности блока после его формовки.
7-1-30	凹陷 **Indentation** Выбоины	空心砖或空心砌块外壁的瘪陷现象。 Indentation is the collapse of the outer wall of a hollow brick or hollow block.

		Вмятины на наружных стенках пустотелого кирпича или пустотелого блока.
7-1-31	**层裂** **Lamination** **Слоистые трещины**	砖或砌块中平行于某一面的层状缝隙。 Lamination is a layered gap parallel to a face in a brick or block. Слоистые зазоры внутри кирпича или блока, параллельные одной из граней изделия.
7-1-32	**裂缝** **Crack or straight crack** **Глубокие трещины**	砖或砌块或板材表面深入内部的缝隙。 Crack or straight crack is a gap from surface of the brick or block or sheet penetrating into the internal. Разрывы на поверхности кирпича, блока или панели, проникающие глубоко внутрь изделия
7-1-33	**裂纹** **Craze or random crack** **Посечки**	砖或砌块或板材表面浅层的细微缝隙。 A craze or random crack is a small gap on the surface of a brick or block or sheet. Мелкие трещины на поверхности кирпича, блока или листа, не проникающие глубоко внутрь изделия.
7-1-34	**龟裂** **Map crack or stair-step crack** **Паутинообразные трещины**	砖或砌块或板材表面的网状缝隙。 A map crack or a stair-step crack is a mesh gap on the surface of a brick, block, or board. Сетчатые трещины на поверхности кирпича, блока или панели.
7-1-35	**起鼓** **Bulking, bloating or bumping** **Вздутия**	砖或砌块表面局部鼓出平面的现象。 Bulking, bloating or bumping is the phenomenon in which the surface of a brick or block partially bulges out. Выступы на части поверхности кирпича или блока.

7-1-36	脱皮/剥落 **Scaling or efflorescence** Шелушение	砖或砌块表面片状脱落现象。 Scaling or efflorescence means the surface of the brick or block is flaky. Отслоение тонких пластинок с поверхности кирпича или блока.
7-1-37	翘曲 **Warpage** Перекос	砖在两个相对面上同时发生的偏离平面的现象。 面积较大的薄板，在单面受潮吸水或干燥失水时所发生的起拱现象。 Warpage is the deviation of the plane from the brick on both opposite faces. Плоскостное отклонение обеих противоположных граней кирпича. The arching of a large-area sheet that occurs when the single side is wetted by water or dried and dehydrated. Изгиб панели большого размера, возникающий в результате попадания влаги в одну из граней или обезвоживания одной из граней.
7-1-38	弯曲 **Warping** Изгиб	砌块在两个相对面上同时发生的偏离平面的现象。 Warping is the deviation of the plane from the brick on both opposite faces. Плоскостное отклонение обеих противоположных граней кирпича.
7-1-39	灰团 **Lumping or black spot** Комки порошкообразные	砖或砌块或板材中未散开的粉状材料。 Lumping or black spot is a powdered material that is not dispersed in a brick, block or sheet. Порошкообразная масса, остающаяся внутри кирпича, блока или панели.

7-1-40	**烧成缺陷** **Burning defect or firing defect** **Дефект при обжиге**	制品在烧成过程中产生的外观或性能上的缺陷 Burning defect or firing defect is a defect in the appearance or performance of the article during the firing process. Дефекты внешнего вида или характеристик изделия, возникающие в процессе обжига.
7-1-41	**蜂窝麻面** **Honeycombing in concrete** **Раковины**	制品面由于成型不密实或模板漏浆而形成的蜂窝状空洞、气孔或成片的麻点。 Honeycombing in concrete are honeycomb voids, pores, or punctured pittings formed on the surface of the product due to incomplete forming or squeezing of the stencil. Сотовые пустоты, поры или сплошные ямочки, образовывающиеся на поверхности изделия из-за недостатоного уплотнения смеси или протечки смеси при формовке.
7-1-42	**起层** **Delamination** **Расслоение**	制品断面出现的分层现象。 Delamination is the stratification of the product section. Образование слоистых структур на изломе изделия.
7-2	**性能** **Performance** **Характеристики**	
7-2-1	**吸水性** **Water absorption** **Водопоглощение**	材料或制品吸水的能力。以质量吸水率或体积吸水率表示。 Water absorption is the ability of a material or product to absorb water. It is measured in terms of mass water absorption or volumetric water absorption. Характеристика, определяющая способность материала или изделия поглощать влагу. Различают весовое водопоглощение и объемное водопоглощение.

7-2-2	抗渗性/不透水性 Impermeability Водостойкость/Водонепроницаемость	材料或制品抵抗水、油等液体压力作用下渗透的性能。 Impermeability is the ability of a material or article to withstand the penetration of water, oil, etc. under the pressure of a liquid. Способность материала или изделия сопротивляться проникновению воды, масла и др. житкостей.
7-2-3	抗冻性 Frost resistance Морозоустойчивость	材料或制品抵抗冻融循环的能力。 Frost resistance is the ability of a material or article to resist freeze-thaw cycles. Свойство материала или изделия выдерживать попеременное замораживание и оттаивание.
7-2-4	收缩 Shrinkage Усадка	材料因物理和化学作用而产生的体积缩小现象。 Shrinkage is the shrinking of materials due to physical and chemical effects. Уменьшение объёма материала под физическим и химическим воздействием.
7-2-5	干燥收缩 Dry shrinkage Усадка при сушке	材料因毛细孔和凝胶孔中的水分蒸发和散失而引起的体积缩小现象。简称干缩。常以干缩值"毫米每米(mm/m)"表示。 Dry shrinkage is the shrinkage of the material due to evaporation and loss of moisture in the pores and gel pores. It is referred to as shrinking. It is often expressed in dry shrinkage values "mm per meter (mm/m)". Уменьшение объёма материала в результате испарения и потери влаги в капиллярных отверстиях и порах геля, в основном выражающееся в соотношениях «мм на метр (мм/м)».

7-2-6	碳化作用 **Carbonation** **Карбонизация**	水泥、砂浆、混凝土和硅酸盐制品表面层的水化产物与大气中的二氧化碳反应生成碳酸盐的作用。 Carbonation is the process when hydration products of the surface layers of cement, mortar, stick concrete, and silicate products react with carbon dioxide in the atmosphere to form carbonates. Процесс, при котором продукты гидратации поверхностных слоев цемента, раствора, бетонных и силикатных изделий вступают в реакции с углекислым газом, содержащимся в воздухе с образованием карбонатов.
7-2-7	耐久性 **Durability** **Долговечность**	材料或制品在长期使用中保持基本性能的能力。 Durability is the ability of a material or article to maintain its basic properties during long-term use. Способность материала или изделия сохранять основные свойства при длительном использовании.
7-2-8	耐候性 **Weather resistance** **Атмосферостойкость**	材料或制品抵抗日光、风雨、寒热等气候条件长期作用的能力。 Weather resistance is the ability of materials or products to withstand long-term effects of climatic conditions such as daylight, wind and rain, and cold and heat. Способность материала или изделия к сопротивлению разрушающему воздействию различных климатических факторов, таких как дождь, солнце, ветер, высокие и низкие температуры.
7-2-9	老化 **Aging** **Старение**	材料或制品由于温湿度、日照等影响随时间推移而产生的各种不可逆的化学和物理过程的总称。 Aging is a general term for various irreversible chemical and physical processes that affect the material or product over time due to temperature, humidity, and sunlight.

		Общий термин медленных необратимых изменений химических и физических свойств материалов и изделий под воздействием температуры, влажности и солнечного света и др. факторов.
7-2-10	**耐干湿循环性** **Endurance to alternate wetting and drying** **Стокойсть к чередованию между намоканием и высыханием**	材料或制品在长期干湿交替作用下的耐久性。 Endurance to alternate wetting and drying is the durability of materials or articles under long-term dry and wet interactions. Стойкость материала или изделия к длительному поочердному воздействию влажных и засушливых условий.
7-2-11	**隔声性能** **Sound insulation performance** **Звукоизоляционные свойства**	材料或制品阻止声波传递和透射的能力。 Sound insulation performance is the ability of a material or article to block the transmission and transillumination of sound waves. Способность материала или изделия блокировать передачу и проникновение звуковых волн.
7-2-12	**保温性能** **Heat preservation property or thermal performance** **Теплозащитные свойства**	砌筑墙体的材料或制品阻止热量损失,保持室温稳定的能力。 Heat preservation property or thermal performance represents the capability (of the material or product of the masonry wall) to prevent heat loss and maintain the ability to stabilize at room temperature. Свойства кладочных материлов или изделий предотвращать потерю тепла и поддерживать стабильную температуру в помещении.
7-2-13	**隔热性能** **Thermal insulation performance** **Теплоизоляционные**	砌筑墙体的材料或制品阻止热量传入,保持室温稳定的能力。 Thermal insulation performance represents the capability (of the material or product of the masonry wall) to prevent heat loss and maintain the ability to

	свойства	stabilize at room temperature. Свойства кладочных материлов или изделий предотвращать попадание тепла внутрь и поддерживать стабильную температуру в помещении.
7-2-14	**不燃性** **Incombustibility** **Огнестойкость**	材料或制品遇火燃烧的可能性和难易程度。 Incombustibility is the likelihood and difficulty of burning a material or product in fire. Вероятность воспламенения материала или изделия под воздействием огня.
7-2-15	**吸湿性** **Moisture absorption property** **Влагопоглощение**	材料或制品在潮湿环境中吸收空气中水分的能力。 Moisture absorption property is the ability of a material or article to absorb moisture from the air in a humid environment. Свойство материала или изделия впитывать воду из воздуха во влажной среде.
7-2-16	**抗冲击性** **Impact resistance** **Ударопрочность**	制品抵抗冲击、震动和碰撞作用的能力。 Impact resistance is the ability of the product to withstand shock, vibration and impact. Способность материала или изделия поглощать механическую энергию толчков, вибраций и ударов.
7-2-17	**细度** **Fineness** **Дисперсность**	粉状物料的粗细程度。常以比表面积或标准筛的筛余质量分数表示。 Fineness is the thickness of the powdered material. It is often expressed as the sieve mass fraction of the specific surface area or the standard sieve. Тонкость помола, характеристика пылевидного материала. Часто выражается через удельную площадь поверхности или по массовой доле отсева, прошедшего через стандартное сито.

7-2-18	**凝结时间** **Setting time** **Срок схватывания**	水泥和石膏等胶凝材料从可塑状态到失去流动性形成致密的固体状态所需的时间。分为初凝时间和终凝时间。 Setting time is the time required for a cementing material (such as cement and gypsum) to form a dense solid state (from a plastic state to a loss of fluidity). It is divided into initial setting time and final setting time. Время, необходимое вяжущим веществам (например, цементу и гипсу) для перехода в плотное твердое состояние (от пластического состояния до потери текучести). Различают время начала схватывания и время окончания отвердения.
7-2-19	**工作性/和易性** **Workability/compatibility** **Удобоукладываемость**	混凝土混合料的重要工艺性能。主要指混合料在搅拌、运输、浇灌等施工过程中保持均匀、密实而不发生分层、离析现象的性能。 Workability or compatibility is the important process properties of concrete mixes. It mainly refers to the performance of the mixture in the mixing, transportation, watering, and other construction processes to maintain uniformity and compaction without delamination and segregation. Важное технологическое свойство бетонных смесей. Способоность бетонных смесей поддерживать однородность и плотность без расслоения и сегрегации в процессе смешивания, транспортировки и заливки.
7-2-20	**标准稠度** **Normal consistency** **Нормальная консистенция (густота)**	将一定量的胶结料制备成具有规定流动度的料浆,此料浆的稠度即为标准稠度。达到该稠度所需的用水量,即为标准稠度用水量。 Normal consistency is the characteristic when a certain amount of cement is prepared into slurry having a defined fluidity and the consistency of the slurry is the standard consistency. The amount of water required to reach this consistency is the standard consistency water

		consumption.
		Консистенция смеси, изготавливаемой с определенным количеством вяжущих веществ с заданной текучестью. Количество воды, необходимое для достижения этой консистенции является расходом воды при нормальной консистенции.
7-3	检验 **Inspection** Экспертиза	
7-3-1	外观质量 **Appearance quality** Внешний вид	肉眼或简单工具能断定的产品外表优劣程度的指标。 Appearance quality is an indicator of the pros and cons of a product that can be determined by the naked eye or by a simple tool. Показатель качества внешнего вида изделия, определяемый невооруженным глазом или с использованием простых устройств.
7-3-2	混等率 **Under rate** Доля брака	在某等级的材料或制品中,混入不符合该等级质量的产品的质量分数。 Under rate is when the quality of the material or product does not meet the grade or quality score. Доля материалов или изделий, не соответствующих параметрам качества данной категории изделий, выражающаяся через массовую долю.
7-3-3	尺寸偏差 **Size deviation or standard deviation** Отклонение по размерам	制品的长、宽、高等尺寸的实际测量值与标准值的差。 Size deviation or standard deviation is the difference between the actual measured value (of the length, width and height of the product) and the standard value. Разница между фактическими значениями длины, ширины и высоты, и стандартными значениями размера данного изделия.

7-3-4	**毛截面面积** **Gross cross-sectional area** **Общая площадь поперечного сечения**	砖和砌块与荷重方向垂直而以外廓尺寸算出的横截面面积，简称毛面积。 Gross cross-sectional area is the cross-sectional area of the bricks and blocks calculated perpendicular to the load direction and the outer dimensions, and it is referred to as the gross area. Площадь поперечного сечения кирпича и блока, перпендикулярного направлению нагрузки, расчитываемая по внишним размерам изделия (без вычета площади пустот). Сокращается как «площадь брутто».
7-3-5	**净面积** **Net area** **Чистая площадь (площадь нетто)**	砖和砌块荷重方向相垂直的实体最小截面面积。 Net area is the minimum cross-sectional area of the brick and block perpendicular to the load direction. Наименьшая площадь поперечного сечения кирпича и блока, перпендикулярного направлению нагрузки, расчитываемая по сплошной части изделия.
7-3-6	**密度等级** **Density grading** **Категория плотности**	材料或制品密度的表示方法。 Density grading is a method of expressing the density of a material or article. Показатель плотности материалов или изделий.
7-3-7	**密度** **Density** **Плотность**	物体的质量与其体积的比值。 Density is the ratio of the mass of an object to its volume. Физическая величина, определяемая как отношение массы тела к занимаемому этим телом объему.
7-3-7-1	**体积密度/表观密度** **Bulk density/apparent density** **Объемная**	制品单位表观体积的质量。 Bulk density or apparent density is the quality of the apparent volume of the product unit. Величина массы, приходящейся на видимый объем

	плотность/насыпная плотность	единицы изделия.
7-3-7-2	**面密度** **Planar density** Поверхностная плотность	制品单位面积的质量。 Planar density is the product quality per unit area. Величина массы, приходящейся на площадь единицы изделия.
7-3-7-3	**气干面密度** **Planar density in dry air** Поверхностная плотность в воздушно-сухом состоянии	制品在大气中干燥达到含水率相对稳定时的单位面积质量。 Planar density in dry air is a mass per unit area that the product is dried in the atmosphere when the water content is relatively stable. Величина массы, приходящейся на площадь единицы изделия, высушенного на воздухе и с относительно стабильным содержанием влаги.
7-3-8	**孔隙率** **Porosity** Коэффициент пористости	衡量物体的多孔性或致密程度的一项指标。 Porosity is an indicator of the porosity or densification of an object. Показатель, характеризующий количество пустого пространства (пор) в предмете или его плотность.
7-3-9	**孔洞率/空心率** **Void ratio/core ratio** Коэффициент пустотности	制品开口孔洞和槽体积的总和与表观体积之比的质量分数。砖或板材称孔洞率，空心砌块或硅酸建筑制品称空心率。 Void ratio or core ratio is the mass fraction of the ratio of the sum of the opening holes and the volume of the product to the apparent volume. The brick or plate is called the void ratio; the hollow block or the silicic acid building product is called the core ratio. Отношение объема пустот к насыпному объему изделия, выражающееся через массовую долю. Для кирпича и панелей – коэффициент пустотности, для

		пустотелых блоков и силикатных изделий — коэффициент пустотности.
7-3-10	**含水率** **Percentage of moisture or moisture content** **Влагосодержание**	材料或制品中所含水分质量与其干质量之比，以质量分数表示。 Percentage of moisture or moisture content is the ratio of the moisture content of a material or product to its dry mass; it is expressed as a mass fraction. Массовая доля количества воды в единице массы сухого изделия (материала).
7-3-11	**吸水率** **Water absorption rate** **Водопоглощение**	材料或制品饱水状态下吸收的水分质量与其干质量之比，以质量分数表示。 Water absorption rate is the ratio of water quality absorbed by a material or product under saturated condition to its dry mass, it is expressed as a mass fraction. Значение, выражающееся через массовую долю в виде отношения массы воды, поглощенной материалом или изделием при полном насыщении, к массе сухого материала или изделия.
7-3-12	**相对含水率** **Relative moisture content or comparative percentage of moisture** **Относительное влагосодержание**	含水率与吸水率的比值。 Relative moisture content or comparative percentage of moisture is the ratio of moisture content to water absorption. Отношение влагосодержания к водопоглощению.
7-3-13	**吸湿率** **Moisture absorption rate or percentage of moisture absorption**	材料或制品潮湿状态下吸收的水分质量与其干质量之比，以质量分数表示。 Moisture absorption rate or percentage of moisture absorption is the ratio of water quality absorbed by a material or product under damp condition to its dry

	Влагопоглощение	mass; it is expressed as a mass fraction. Отношение массы воды, поглощенной материалом или изделием во влажном состоянии, к его массе в сухом состоянии, выражающееся через массовую долю.
7-3-14	**强度等级** **Strength grading** **Категория прочности**	砖或砌块强度的表示方法。 Strength grading is a representation of the strength of a brick or block. Показатель, характеризирующий прочность кирпича или блока.
7-3-15	**抗压强度** **Compressive strength** **Прочность на сжатие**	材料或制品在压力作用下达到破坏前所能承受的最大应力。单位：兆帕（MPa）。 Compressive strength is the maximum stress that a material or article can withstand under pressure before it breaks. Its measuring unit is megapascal (MPa). Пороговая величина механического напряжения при сжатии, при превышении которой механическое напряжение разрушит материал или изделие. Единица измерения – мегапаскаль (МПа).
7-3-16	**抗折强度/抗弯强度** **Flexural strength/bending strength** **Прочность на изгиб**	材料或制品在承受弯曲时达到破裂前的最大应力。单位：兆帕（MPa）。 Flexural strength or bending strength is the strength of the material or article withstanding maximum stress before breaking when subjected to bending. Its measuring unit is megapascal (MPa). Пороговая величина механического напряжения при изгибе, после превышения которой механическое напряжение вызывает перелом материала или изделия. Единица измерения – мегапаскаль (МПа).

7-3-17	**断裂荷载/抗弯破坏荷载** **Crack load/flexural load** **Разрушающая нагрузка при изгибе**	制品在承受弯曲时，达到破裂前所承受的最大荷载。单位：牛顿（N）。 Crack load or flexural load is the maximum load before breaking, when the product is subjected to bending. Its measuring unit is Newton (N). Наибольшая нагрузка, выдерживаемая изделием при изгибе до разрушения и выражающая его способность выдерживать нагрузку. Единица измерения – Ньютон (Н).
7-3-18	**吊挂力** **Hanging force** **Подвесная сила**	衡量制品承受悬挂荷载能力的指标。单位：牛顿（N）。 Hanging force is an indicator of the ability of a product to withstand a load. Its measuring unit is Newton (N). Показатель способности изделия выдерживать подвесную нагрузку. Единица измерения – Ньютон (Н).
7-3-19	**挠度** **Deflection** **Прогиб**	制品因自重或承受挠曲荷载而产生的弹性变形曲线上最大挠曲位移值。 Deflection is the maximum flexural displacement of the elastic deformation curve of the product due to its own self-weight or flexural load. Значение максимального прогибного смещения на деформационной кривой изделия под воздействием собственного веса или изгибной нагрузки.
7-3-20	**受潮挠度** **Moisture deflection** **Прогиб во влажном состоянии**	制品在潮湿状态下因自重或承受翘曲荷载而产生的弹性变形曲线上最大翘曲位移值。 Moisture deflection is the maximum warpage displacement value on the curve of elastic deformation caused by dead weight or warping load under wet condition. Значение максимального прогибного смещения на

		деформационной кривой изделия во влажном состоянии под воздействием собственного веса или изгибной нагрузки.
7-3-21	**表面吸水量** **Water absorption on the surface** **Объем оверхностного водопоглощения**	衡量耐水纸面石膏板吸水性能的指标，以一定条件下板材表面的吸水量表示。单位：克每平方米（g/m²）。 Water absorption on the surface is the index for measuring the water absorption performance of water-resistant gypsum board. It is indicated by the amount of water absorbed on the surface of the board under certain conditions and is measured in grams per square meter (g/m²). Показатель для измерения водопоглощения водостойкого гипсокартона, выражающийся количеством воды, поглощенной на поверхности панели при определенных условиях. Единица измерения – грамм на квадратный метр (г/м²).
7-3-22	**空气声隔声量** **Air sound insulation value** **Индекс изоляции воздушного шума**	衡量制品空气中隔声性能的指标。单位：分贝（dB）。 Air sound insulation value is an indicator to measure (in the air) the sound insulation performance of a product. Its measuring unit is decibel (dB). Показатель для измерения звукоизоляционной способности изделия в воздухе. Единица измерения – децибел (дБ).
7-3-23	**吸声系数** **Sound absorption coefficient** **Коэффициент звукопоглощения**	声波入射到材料表面上，被材料吸收的声能与总的入射声能之比。 Sound absorption coefficient is the ratio of the acoustic energy absorbed by the material to the total incident acoustic energy as the sound wave is incident on the surface of the material. Отношение поглощенной материалом звуковой энергии к энергии всех звуковых волн, падающих на поверхность материала.

7-3-24	导热系数 **Thermal conductivity coefficient** **Коэффициент теплопроводности**	单位时间 1s 内，垂直于传热方向，穿过壁的厚度为 1m，内外壁表面的温差为 1K，通过传导方式单位面积 1m² 所传递的热量。单位：瓦每米开[W/(m•K)]。 Thermal conductivity coefficient is the heat transferred by the conduction unit per unit area of one square meter within one second per unit time. The heat is perpendicular to the direction of heat transfer, passing through the wall of which the thickness is one meter, and the temperature difference between the inner and outer surfaces is one-degree Kelvin. It is measured in watts per meter-Kelvin [W/(m•K)]. Количество теплоты, передаваемой за одну секунду через стену толщиной в один метр перпендикулярно к направлению теплопередачи на площади в один квадратный метр, при температурном градиенте между двумя поверхностями стены, равном одному кельвину. Единица измерения – ватт на метр-Кельвин [Вт/(м•К)].
7-3-25	传热系数 **Thermal conductance coefficient** **Коэффициент теплопередачи**	围护结构内外表面的温差为 1K 时，在 1s 内，通过 1m² 面积所传递的热量。简称 K 值，单位：瓦每平方米开[W/(m²•K)]。 Thermal conductance coefficient is the heat transferred through the area of one square meter within one second when the temperature difference between the inner and outer surface of the envelope structure is one Kelvin. It is measured in watts per square meter-Kelvin [W / (m²·K)] or in abbreviated K value. Количество теплоты, передаваемой за одну секунду через ограждающую конструкцию на площади в один квадратный метр, при температурном градиенте между двумя поверхностями конструкции, равном одному кельвину. Сокращение: значение «К». Единица

		измерения – ватт на квадратный метр-Кельвин [Вт / (м² · к)]. K 值的倒数为热阻值，以 R 表示，单位：平方米开每瓦[(m²K)/W]。R 值越大，通过围护结构的热损失越小。 The reciprocal of the K value is the thermal resistance value, expressed in R, in units of square meter-Kelvin per watt [(m²·K) / W]. The larger the R value, the smaller the heat loss through the envelope structure. Обратная величина к значению «К» – значение термического сопротивления, выражаемое как значение «R», единица измерения которого – квадратный метр-Кельвин на ватт [(м²·К)/Вт]. Чем больше значение R, тем меньше потери тепла через ограждающую конструкцию.
7-3-26	耐火极限 **Fire resistant limit** **Предел гнестойкости**	按规定的火灾升温曲线进行耐火试验时，建筑物构件从受到火的作用开始，到失去支持能力或发生穿透裂缝或背火一面温度升高到220℃时所延续的时间。以"小时（h）"表示。 Fire resistance limit starts from the time when the building components are affected by the fire to the time when the support capacity is lost, the penetrating cracks occur, or the temperature of the backfire rises to 220 °C, expressed as "hours (h)". The fire resistance test is carried out according to the prescribed fire heating curve. Определяется по результатам огневого испытания в соответствии с кривыми нагрева. Выражается в количестве часов от начала огненного воздействия до проявления одного из следующих признаков: потеря несущей способности конструкции; образование в конструкции сквозных трещин; повышение температуры

		на противоположной подвергающейся огневому воздействию поверхности конструкции до 220℃.
7-3-27	**耐火等级** **Fire resistant grade** **Степень огнестойкости**	建筑物抵抗火灾能力的等级。 Fire resistance grade is the level of fire resistance of buildings. Категория способности строения противостоять пожару.
7-3-28	**耐火纸面石膏板的遇火稳定性** **Fire-withstanding stability of fire-resistant plasterboard** **Огнестойкость огнестойкого гипсокартона**	衡量耐火纸面石膏板在高温下芯材结合力的指标。以"分钟（min）"表示。 Fire-withstanding stability of fire-resistant plasterboard is the index to measure the bonding strength of fire-resistant gypsum plasterboard at high temperatures. It is expressed in "minutes (min)". Показатель связующей способности гипсового сердечника при высоких температурах, измеряется в минутах (мин).
7-3-29	**软化系数** **Softening coefficient** **Коэффициент размягчения**	以材料饱水状态下的抗压强度与自然状态下的抗压强度的百分比表示。 Softening coefficient is expressed as the percentage of the compressive strength in the water saturated state and under natural condition. Выражается в процентном отношении, вычисляемом путем деления предела прочности сжатия в насыщенном водой состоянии на предел прочности сжатия в обычном состоянии.
7-3-30	**碳化系数** **Carbonation coefficient** **Коэффициент карбонизации**	以材料受到碳化作用后的抗压强度与未受到碳化作用时的抗压强度的百分比表示。 Carbonation coefficient is expressed as a percentage of the compressive strength of the material after carbonation and that of the material without carbonation.

		Выражается в процентном отношении значения прочности на сжатие материала после карбонизации к значению прочности до карбонизации.
7-4	**质量** **Quality** **Качество**	
7-4-1	**欠火/欠烧** **Underfire** **Недожог**	烧结砖或烧结砌块因未达到烧结温度或保持烧结温度时间不够而造成的缺陷。 Underfire is the defect of fired bricks or blocks due to insufficient sintering temperature or insufficient time to maintain sintering temperature. Дефект керамического кирпича или блока, вызываемый тем, что максимальная температура при спекании или выдержка при этой температуре недостаточны для достижения заданных свойств.
7-4-2	**过火/过烧** **Overfire** **Пережог**	烧结砖或烧结砌块因超过烧结温度或保持烧结温度时间过长而造成的缺陷。 Overfire is the defect of fired bricks or blocks due to excessive sintering temperature or excessive time to maintain sintering temperature. Дефект керамического кирпича или блока, вызываемый тем, что при спекании температура превышает норму или выдержка при определенной температуре превысила норму.
7-4-3	**哑音** **Dumb sound** **Глухой звук**	烧结砖或烧结砌块的局部被敲击时发出的不清脆的声音。 Dumb sound is an unclear sound produced when a portion of a fired brick or sintered block is struck. Не звонкий звук, издаваемый при ударе по части керамичекого кирпича или блока.

7-4-4	**黑心** **Black core** **Черная сердцевина**	烧结砖或烧结砌块因内燃物质未充分燃烧而在内部产生的黑色部分。 Black core is a black portion of the fired brick or block produced in the interior due to insufficient combustion of the internal combustion materials. Более темный участок внутри керамического кирпича или блока, образующийся в результате неполного сгорания внутренних горючих компонентов.
7-4-5	**黑头** **Chuff** **Черный налет**	烧结砖或烧结砌块的局部表面因被未充分燃烧的燃料或灰埋盖，以及其他原因而形成的黑色。 Chuff is the partial surface of the fired brick or block that is black due to the fuel or ash not fully burned and other reasons. Темные пятна на поверхности керамического кирпича или блока, образующиеся в результате неполного сгорания горючих компонентов, или осаждения пепла и сажи, либо вызываемые другими причинами.
7-4-6	**压花（压印）/黑疤（黑斑）** **Kissmark or stain on firing** **Контактные пятна/темные пятна**	坯体上下层叠压的部分,在焙烧过程中形成的深色印痕。 Kissmark or stain on firing is the laminated part of the upper and lower layers of the semi-finished product, which forms a dark imprint during the firing process. Темные следы, остающиеся в процессе обжига на местах соприкосновения верхних и нижних рядов кирпича-сырца.
7-4-7	**螺旋纹** **Spiral lamination** **Спиральное расслоение**	以螺旋挤出机成型砖坯时，坯体内部形成螺旋状分层。 Spiral lamination is the spiral layer which is formed inside the semi-finished product when the brick is moulded by a screw extruder.

		Спиралевидное расслоение внутри кирпича-сырца, образующееся при формовании кирпича с помощью шнекового экструдера.
7-4-8	**石灰爆裂** **Lime bloating or lime popping** **Известковое вздутие**	烧结砖或烧结砌块的原料或内燃物质中夹杂着石灰质，焙烧时被烧成生石灰，砖或砌块吸水后，体积膨胀而发生的爆裂现象。 Lime bloating or lime popping is a kind of burst phenomenon when the raw materials or internal combustion materials of fired bricks or blocks are mixed with calcareous material which is fired into quick lime during the firing process, and the bricks or blocks absorb water causing the volume expansion. Известковые вещества, содержащиеся в сырье или горючих компонентах внутреннего обжига керамического кирпича или блока, преобразовываются в негашеную известь в процессе обжига. При поглощении влаги объем кирпича или блока увеличивается и в результате происходит разрыв.
7-4-9	**泛霜/盐霜（盐析，起糟霜）** **Efflorescence/salt out/ efflorescence or frost** **Высолы**	可溶性盐类在砖或砌块表面的盐析现象，一般呈白色粉末、絮团或絮片状。 Efflorescence is the salting-out phenomenon of soluble salts on the surface of bricks or blocks, usually in the form of white powder, floc, or flake. Осаждение растворимых солей на поверхности кирпича или блока в виде порошка, хлопьев или чешуек белого цвета.
7-5	**其他有关术语** **Other Terms** **Прочие термины**	

7-5-1	纹理 **Texture** **Текстура**	砖或砌块的外露面因材料品种、颜色和颗粒组成以及经过加工在表面形成的各种质感。 Texture refers to the texture of the exposed surface of bricks or blocks characterized by the variety of materials, color and particle, as well as the various textures formed on the surface by processing. Фактура лицевой поверхности кирпича или блока, создающаяся путем сочетания разнообразных материалов, цветов и частиц в результате обработки.
7-5-2	混合料 **Mixture** **Смесь**	按配合比称量的各种原材料，经搅拌或轮碾制成的混合物。 Mixture refers to the mixture of various raw materials weighed according to the mixing ratio, stirred or wheel milled. Масса, состоящая из различных сырьевых материалов с определенным соотношением компонентов, перемешанных или измельченных (катковым смесителем).
7-5-3	料浆/泥浆稀泥 **Slurry** **Раствор**	具有一定细度的固体粒子（胶结料、硅质材料等）与水混合制成的浆体悬浊体。 Slurry is a slurry suspension made by mixing solid particles (cements, siliceous materials, etc.) having a certain fineness with water. Суспензия, получаемая путем смешивания твердых частиц (вяжущих веществ, силикатных материалов и т. п.) с определенной дисперсностью с водой.
7-5-4	发气速度 **Gas forming rate** **Скорость газообразования**	料浆在一定的碱度条件下，从加入发气剂到发气结束所需的时间。 Gas forming rate is the time required for slurry from adding the gas-foaming agent to the end of gas generation under certain alkalinity conditions.

		Время, необходимое при определенной щелочности на процесс от добавления в сырьевой раствор газообразователя до завершения выработки газа.
7-5-5	**膨胀稳定性** **Expansion stability** **Устойчивость к расширению (вздутию)**	加气混凝土料浆形成稳定、均匀气孔结构的能力。 Expansion stability is the ability of aerated concrete slurry to form the stable and uniform pore structure. Способность сырьевого раствора газобетона образовывать стабильную и равномерную пористую структуру.
7-5-6	**坯体** **Semi-finished product** **Сырец (заготовка)**	成型后未经烧成或养护的制品的半成品。 Semi-finished product is a product that has not been fired or cured after moulding. Сформованный полуфабрикат, еще не прошедший процесс обжига или отверждения.
7-5-7	**水热处理** **Hydrothermal treatment** **Гидротермальная обработка**	使坯体或制品在较高温度的水或蒸汽中水化硬化的养护方法。 Hydrothermal treatment is a kind of curing method for hydrating and hardening the semi-finished product or products in water or steam at higher temperature. Способ гидратации и отверждения заготовки или изделия, происходящий при помощи воды высокой температуры или водяного пара.
7-5-8	**稠化** **Coagulation** **Застывание (загустение)**	在化学和吸附作用下,料浆极限切应力和塑性黏度逐渐增大的过程。 Coagulation is a process in which the ultimate shear stress and plasticity of slurry increase gradually under the action of chemistry and adsorption. Химический и адсорбционный процесс, при котором предельное напряжение сдвига и пластическая вязкость раствора постепенно увеличиваются.

7-5-9	结露 **Moisture condensation** Конденсация	空气中的水蒸气在材料或制品表面凝结的现象。 Moisture condensation is the phenomenon of condensation of water vapor in the air on the surface of materials or products. Явление, при котором водяной пар из воздуха осаждается на поверхности материала или изделия.
7-5-10	气孔结构 **Pore structure** Структура пор	材料或制品内部气孔的数量、形状、大小、分布以及连通或密闭的情况。 Pore structure is the quantity, shape, size, distribution and connection or airtight condition of the pores inside the materials or products. Количество, форма, размер, распределение и соединение или герметичность пор внутри материала или изделия.
7-5-11	含水状态 **Moisture state** Влажное состояние	材料或制品含水时的状态。以含水率（%）表示。 Moisture state is the state of a material or product in which water is contained. It is expressed by water content (%). Состояние материала или изделия при содержании в нем влаги. Выражается с помощью коэффициента влагосодержания (%).
7-5-12	气干状态 **Air-dried state** Воздушно-сухое состояние	材料或制品在大气中干燥,达到含水率相对稳定时的含水状态。 Air-dried state is the relatively stable moisture state of materials or products dried in the atmosphere. Состояние материала или изделия, высушенного на воздухе, с относительно стабильным содержанием влаги.
7-5-13	干燥状态 **Dry state**	材料或制品经人工干燥达到恒重时的状态。 Dry state is the state in which the material or product

	Сухое состояние	reaches the constant weight by artificial drying. Состояние, при котором материал или изделие подвергается искусственной сушке и достигает постоянного веса.
7-5-14	**饱水状态** **Water-saturated state** Водонасыщенное состояние	含水饱和状态的简称。材料或制品浸入水中达到极限含水率时的含水状态 Water-saturated state is the moisture state of materials or products immersed in water. Влажное состояние материала или изделия, при котором предмет погружается в воду и достигает состояния предельного влагосодержания.
7-5-15	**集料级配** **Grading of aggregate** Фракция заполнителя	衡量混凝土用集料颗粒粗细的分级和组成是否合理的一个指标。 Grading of aggregate is an index to measure whether the classification and composition of aggregate particle size for concrete are reasonable. Показатель, позволяющий определить, насколько в каждом конкретном случае заполнитель подходит по гранулометрическому составу.
7-5-16	**集料最大粒径** **Maximum aggregate size** Максимальный размер зерен заполнителя	衡量混凝土用集料粗细程度的一个指标。用标准筛对粗细集料试样进行筛分,以累计筛余不超过5%的筛孔尺寸表示。 Maximum aggregate size is an index to measure the thickness of concrete aggregates. It uses standard sieve to screen coarse and fine aggregate samples, expressed by the size of sieve hole with the cumulative sieve residue of no more than 5%. Показатель зернистости заполнителей для бетона. Показатель измеряется путем просеивания образцов крупного и мелкого заполнителей через стандартные сита и выражается в значении размера отверстия сита, на котором при просеивании пробы суммарный

		остаток надрешетного продукта составляет не более 5 %.
7-5-17	**湿法工艺** **wet process** **Мокрый способ**	采用浓度为 3%~13%的纤维水泥料浆，通过过滤、真空抽吸、辊压等方法制造纤维水泥制品的生产工艺。 Wet process is a production process of fiber cement products by filtration, vacuum suction, and rolling with 3% to 13% fiber cement slurry. Производственная технология для изготовления фиброцементного изделия на основе фиброцементного раствора с концентрацией от 3% до 13%, включающая процессы фильтрации, вакуумной откачки и прокатки.
7-5-18	**干法工艺** **Dry process** **Сухой способ**	加入占干料质量为 10%~14%的水拌成混合料，通过辊压、冲压或挤出等方法制造纤维水泥制品的生产工艺。 Dry process is a production process of fiber cement products by rolling, stamping or extruding with mixture and adding the water of 10% to 14% of the dry material by weight. Производственная технология для изготовления фиброцементного изделия на основе смеси с добавлением воды в количестве от 10% до 14% от веса сухих компонентов, включающая процессы прокатки, штамповки или экструзии и т.д.
7-5-19	**半干法工艺** **Semi-dry process** **Полусухой способ**	采用浓度为 50%~70%的纤维水泥料浆，通过挤压、真空挤压或辊压等方法制造纤维水泥制品的生产工艺。 Semi-dry process is a production process of fiber cement products by extrusion, vacuum extrusion, or roll pressing with 50% to 70% fiber cement slurry. Производственная технология для изготовления фиброцементного изделия на основе фиброцементного раствора с концентрацией от 50% до 70%, включающая

		процессы экструзии, экструзионно-вакуумной формовки или прокатки.
7-5-20	**一次码烧工艺** **Once setting in firing–process** **Технология обжига полного цикла**	将成型后的湿坯直接码在空车上,在隧道窑依次进行干燥、预热、焙烧、冷却的制砖方法。 Once setting in firing-process is a brick making method by directly coding the wet moulding semi-finished product on an empty car and then drying, preheating, firing, and cooling in the tunnel kiln in sequence. Производственная технология для изготовления кирпича, при которой сформованные влажные заготовки укладываются на вагонетки и последовательно проходят процессы сушки, предварительного нагрева, обжига и охлаждения.
7-5-21	**超热焙烧** **Surplus-heat firing** **Обжиг при избыточной температуре**	坯内可燃物质,所发出的热能超过烧成所需热量的烧砖方法。又称超内燃烧焙烧。 Surplus-heat firing is a brick firing method by firing the combustible substances in the brick billet, which exceeds the heat required for firing, it is also known as super internal combustion firing. Способ обжига кирпича, при котором горючие компоненты внутри сырца выделяют больше тепла, чем требуется для обжига. Также называется обжигом при избыточном внутреннем горении.
7-5-22	**干燥介质** **Drying medium** **Сушильная среда**	在干燥过程中传送热能和带走水分的媒介物质,如热空气等。 Drying medium is a kind of medium substance, such as hot air, which transfers heat energy and removes moisture during the drying process. Среда, используемая в процессе сушки для передачи тепловой энергии и удаления влаги, например горячий воздух и др.

7-5-23	**干燥周期** **Drying cycle** **Срок сушки**	坯体从干燥开始到干燥结束所需的时间。 Drying cycle is the time required for the semi-finished product from starting drying to finishing. Время, уходящее на процесс от начала сушки сырца до его полного высыхания.
7-5-24	**干燥制度** **Drying system** **Режим сушки**	有关砖在干燥过程中的各项工艺参数和技术要求的规定。包括干燥介质的温度、湿度、压力、流速及坯体温度，码垛形式、进车的间隔时间等。 A drying system is a stipulation of technological parameters and technical requirements of bricks during the drying process. It includes the temperature, humidity, pressure, flow rate and semi-finished product temperature of drying medium, palletising form, interval time of entering the vehicle, etc. Определенный набор технологических параметров и технических требований к процессу сушки кирпича. Включая температуру среды сушки, влажность, давление, скорость обтекания и температуру заготовок, форму штабелирования, интервалы подачи вагонеток и др.
7-5-25	**干燥曲线** **Drying curve** **Кривая сушки**	表示坯体干燥过程中各参数与干燥时间之间关系的曲线，包括坯体干燥曲线、干燥速度曲线和坯体温度曲线。 A drying curve represents the relationship between various parameters and drying time including drying curve, drying speed curve and temperature curve of semi-finished products. longitudinal coordinate of the percentage of moisture of the semi-finished product during the drying process and the abscissa of the drying time or the length of the drying chamber. График, представляющий связь между всеми параметрами

		и временем сушки в процессе сушки заготовки, включает кривую сушки заготовки, кривую скорости сушки и кривую температуры заготовки.
7-5-26	**临界含水率** **Critical moisture content** **Критическое влагосодержание**	坯体的干燥曲线上，从自由水蒸发的等速干燥阶段到薄膜水蒸发的降速干燥阶段的转折点处的含水率（干基）。 Critical moisture content is the percentage of moisture (dry base) at the turning point of the drying curve of the semi-finished product from the constant-speed drying stage of free water evaporation to the slow-drying stage of film water evaporation. На кривой сушки заготовки содержание влаги (в пересчете на сухое вещество) в момент перехода от стадии сушки с постоянной скоростью испарения избыточной воды к стадии сушки с пониженной скоростью испарения воды в пленочном состоянии.
7-5-27	**声桥** **Sound bridge** **Звуковой мостик**	双层或多层复合隔声结构中，两层间的刚性固体连接物。 Sound bridge is a rigid solid connection between layers in a composite sound insulation structure with two or more layers. Жесткое твердое соединение между слоями в композитной звукоизоляционной конструкции, состоящей из двух или нескольких слоев.
7-5-28	**热桥/冷桥** **heat bridge/cold bridge** **мостики тепла /холода**	围护结构中保温隔热能力较薄弱的部位。这些部位成为传热较多的桥梁。 A heat bridge/cold bridge is the bridge with weak thermal insulation capacity in the enclosure structure, and conducts more heat. Элементы ограждающих конструкций с достаточно слабыми теплоизоляционными свойствами. Эти элементы становятся мостами, по которым проходит передача достаточно большого количества тепла.

参 考 文 献

[1] 陈福广.新型墙体材料手册[M]. 2版.北京：中国建材工业出版社，2001.

[2] 中国建筑工业出版社.建筑材料辞典[M]. 北京：中国建筑工业出版社，1981.

[3] 国家市场监督管理总局，国家标准化管理委员会.墙体材料术语：GB/T 18968—2019[S].北京：中国标准出版社，2019:7.

中文条目索引

英文条目索引

Relative moisture content or comparative percentage of moisture	7-3-12
Retaining wall	0-3
Rib	7-1-19
Rock wool and slag cotton products	3-9-8
Rock wool or stone wool	3-9-6
Rolled moulding	4-5-5
Scaling or efflorescence	7-1-36
Scoria	3-3-11
Scratch hole	7-1-25-3
Self-combusted coal gangue	3-3-7
Semi-dry process	7-5-19
Semi-finished product	7-5-6
Serpentine/chrysmile asbestos	3-8-1-1
Setting machine	5-12
Setting time	7-2-18
Shale ceramsite or agloporite	3-7-1-2
Shapes	7-1
Shell or face shell	7-1-18
Shrinkage	7-2-4
Side cutter	5-3-1-3
Side face	7-1-7
Side face	7-1-8
Silica fume	3-3-13
Silica-magnesium aerated concrete lightweight hollow core wall panel	2-31
Silicate block	2-16
Silicate brick	1-1-13
Silicate slab	2-30
Siliceous materials	3-3
Single material wall	0-7
Single-row holes	7-1-25-4
Single-shaft mixer	5-1-1
Size deviation or standard deviation	7-3-3
Slacking or spalling	7-1-28

俄文条目索引